Chandan Deep Singh
Rajdeep Singh
Harleen Kaur

Aplicação dos princípios Lean e JIT na gestão da cadeia de abastecimento

Chandan Deep Singh
Rajdeep Singh
Harleen Kaur

Aplicação dos princípios Lean e JIT na gestão da cadeia de abastecimento

ScienciaScripts

Imprint

Any brand names and product names mentioned in this book are subject to trademark, brand or patent protection and are trademarks or registered trademarks of their respective holders. The use of brand names, product names, common names, trade names, product descriptions etc. even without a particular marking in this work is in no way to be construed to mean that such names may be regarded as unrestricted in respect of trademark and brand protection legislation and could thus be used by anyone.

Cover image: www.ingimage.com

This book is a translation from the original published under ISBN 978-620-2-02119-7.

Publisher:
Sciencia Scripts
is a trademark of
Dodo Books Indian Ocean Ltd. and OmniScriptum S.R.L publishing group

120 High Road, East Finchley, London, N2 9ED, United Kingdom
Str. Armeneasca 28/1, office 1, Chisinau MD-2012, Republic of Moldova, Europe
Printed at: see last page
ISBN: 978-620-7-78769-2

Copyright © Chandan Deep Singh, Rajdeep Singh, Harleen Kaur
Copyright © 2024 Dodo Books Indian Ocean Ltd. and OmniScriptum S.R.L publishing group

ÍNDICE DE CONTEÚDOS

CAPÍTULO-1

INTRODUÇÃO

1.1 Gestão da cadeia de abastecimento

A Gestão da Cadeia de Abastecimento é um conjunto de decisões e actividades sincronizadas utilizadas para integrar eficientemente fornecedores, fabricantes, armazéns, transportadores, retalhistas e clientes, de modo a que o produto ou serviço certo seja distribuído nas quantidades certas, nos locais certos e no momento certo, a fim de minimizar os custos de todo o sistema, satisfazendo simultaneamente os requisitos de nível de serviço do cliente. O objetivo da gestão da cadeia de abastecimento (SCM) é obter uma vantagem competitiva sustentável.

O Lean é um processo dinâmico de mudança contínua e não é uma abordagem padronizada, de tamanho único. É um meio adaptativo de melhoria da eficiência. A origem do conceito de Lean ou do pensamento Lean não pode ser facilmente atribuída a qualquer pessoa, empresa ou nação. O Lean é a soma de milhões de organizações empresariais e seus funcionários que, ao longo de muitos anos, contribuíram para o conceito.

Lean manufacturing é a eliminação sistemática de desperdícios em todos os aspectos das operações de uma organização, em que o desperdício é visto como qualquer utilização ou perda de recursos que não conduz diretamente à criação do produto ou serviço que o cliente deseja, quando o deseja Lean é também um conjunto de princípios, abordagens e metodologias que podem ser aplicados individual ou coletivamente. Quando os princípios Lean são utilizados como uma abordagem à gestão, são continuamente aplicados e podem tornar-se numa filosofia de longo prazo para orientar as organizações para um desempenho de classe mundial.

O elemento mais comum em todas as definições de JIT é a descrição do JIT como uma filosofia para operações de fabrico. A simples remoção da palavra "fabrico" da definição da APICS abre novas possibilidades para a aplicação das técnicas normalmente associadas ao JIT tanto às funções de serviço nas empresas de fabrico como às empresas do sector dos serviços.

A gestão da cadeia de abastecimento (SCM) é um conceito que floresceu na indústria transformadora, com origem na produção e logística Just-In-Time (JIT). Atualmente, a GCS representa um conceito de gestão autónomo, embora ainda amplamente dominado pela logística. A SCM esforça-se por observar todo o âmbito da cadeia de abastecimento. Todas as questões são vistas e resolvidas numa perspetiva de cadeia de abastecimento, tendo em conta a interdependência na cadeia de abastecimento. A SCM oferece uma metodologia para aliviar o controlo míope na cadeia de abastecimento que tem vindo a reforçar o desperdício e os problemas.

As cadeias de abastecimento da construção ainda estão cheias de desperdícios e problemas causados por um controlo míope. A comparação dos estudos de caso com a investigação anterior justifica que os desperdícios e os problemas nas cadeias de abastecimento da construção estão amplamente presentes e são persistentes e, devido à interdependência, estão largamente inter-relacionados com causas noutras fases da cadeia de abastecimento. As características da cadeia de abastecimento da construção reforçam os problemas na cadeia de abastecimento da construção e podem muito bem dificultar a aplicação da GCS à construção. As iniciativas anteriores para fazer avançar a cadeia de abastecimento da construção foram algo parciais.

A metodologia genérica oferecida pela SCM contribui para uma melhor compreensão e resolução de problemas básicos nas cadeias de abastecimento da construção e dá orientações para o desenvolvimento da cadeia de abastecimento da construção. As soluções práticas oferecidas pela SCM, contudo, têm de ser desenvolvidas na própria prática da construção, tendo em conta as características específicas e as condições locais das cadeias de abastecimento da construção.

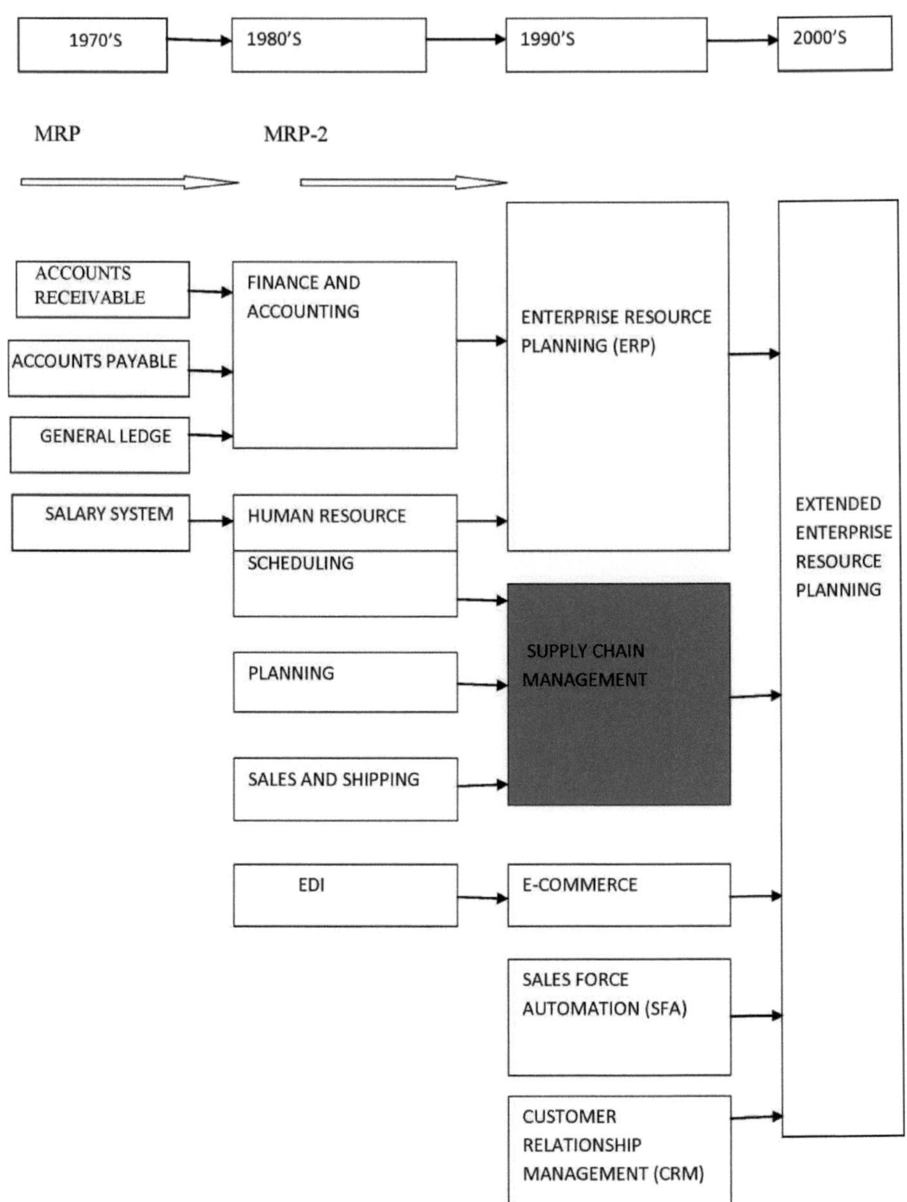

Fig -1 Evolução do ERP

1.2ORIGEM DOS PRINCÍPIOS LEAN

Os princípios subjacentes que constituem a base do sistema Lean tiveram início no Japão, nos anos 50, com empresas de produção que pretendiam utilizar ao máximo os recursos limitados disponíveis na altura. Surgiu um conjunto de directrizes para a eliminação de resíduos, que foram coletivamente designadas por princípios Just-In-Time. O nome Just-In-Time (JIT) refere-se à utilização de recursos, ou seja, as unidades de material, subconjuntos e componentes chegam a um local de fabrico "mesmo a tempo" da sua utilização. Os fornecedores entregam os seus fornecimentos mesmo a tempo de serem utilizados na produção e os clientes recebem os produtos acabados mesmo a tempo de serem convenientemente utilizados. Assim, num sistema JIT, não há desperdício de materiais, de mão de obra ou de equipamento, nem de stocks ociosos. Todos os recursos chegam mesmo a tempo de serem consumidos

O conjunto de princípios JIT evoluiu inicialmente a partir das fábricas dos fabricantes que lidavam com questões comuns de produção nas fábricas. Os autores do JIT concordam geralmente que os princípios JIT não apareceram de uma só vez, mas evoluíram numa base contínua ao longo de muitos anos. Para compreender os princípios Lean, é necessário compreender também os princípios JIT, uma vez que Lean é visto como um sinónimo de JIT.

1.3 PRINCÍPIOS DE "JUST IN TIME

Os vários princípios da técnica just in time são os seguintes:

- Princípio do inventário JIT

    Ter fornecedores fiáveis permite uma redução do número de fornecedores e dos custos associados. Permite um menor número de existências de contingência e liberta capital, evitando custos de juros desperdiçados. O objetivo ideal do JIT é a inexistência de existências, a fim de reduzir completamente os custos de inventário.

- Princípio de produção JIT

O objetivo ideal é sincronizar a procura e a produção para que não haja unidades de produto até que seja dada uma encomenda, o que elimina a produção desnecessária, o inventário indesejado e todos os desperdícios que lhes estão associados.

- Princípio dos recursos humanos JIT

Procurar um compromisso a longo prazo Num ambiente em que os trabalhadores se sintam confortáveis para empregar todos os trabalhadores. Procurar identificar continuamente os problemas e a melhoria contínua é um requisito do JIT.

- Princípio de qualidade JIT

Procurar um compromisso a longo prazo para Melhorar a qualidade do produto é uma tarefa interminável esforços de controlo da qualidade. Procurar identificar e corrigir continuamente todos os problemas relacionados com a qualidade A melhoria contínua é um requisito do JIT.

- Princípio da relação com o fornecedor JIT

Procurar certificação da qualidade dos artigos comprados. A certificação garante que os produtos que entram numa unidade de produção já passaram por uma inspeção de qualidade. Muitas operações JIT só fazem negócios com fornecedores JIT.

1.4 PRINCÍPIOS LEAN

Os princípios Lean da Toyota evoluíram a partir do seu Sistema de Produção Toyota (TSP). Existem muitos princípios diferentes, mas vamos agrupar a nossa apresentação em quatro grandes categorias: procurar a eliminação de desperdícios, procurar melhorar a qualidade, procurar aumentar o fluxo de produtos e procurar reduzir os custos.

- Procurar a eliminação de desperdícios

Ao eliminar os recursos desperdiçados de qualquer sistema de fabrico ou serviço, podemos aumentar imediatamente a produtividade desse sistema. Se aumentarmos a produtividade ao mesmo tempo que reduzimos a entrada de recursos no sistema, reduzimos os custos, que são transferidos para o cliente em termos de preços mais baixos, resultando num aumento da quota de mercado que melhorará a rentabilidade a longo prazo. Esta tem sido a estratégia de todos os fabricantes japoneses que adoptaram os princípios lean.

- Procurar uma melhor qualidade

De acordo com este princípio lean, o objetivo é eliminar fontes de defeitos, erros e factores de variação nos processos de produção. Porquê? Considere uma situação em que componentes defeituosos são entregues numa fábrica. Esta má qualidade perturba os calendários de produção e reduz os rendimentos (por exemplo, produção suplementar devido à escassez de artigos defeituosos), diminui a velocidade do fluxo de produtos no sistema (por exemplo, os componentes defeituosos nem sempre encaixam nos módulos para os quais foram concebidos), aumenta o tempo total de processamento (por exemplo, tempo desperdiçado em trabalhos de refugo devido à má qualidade) e desperdiça espaço (por exemplo, aumento do stock ocioso e do inventário de reserva de peças, dado que será necessário um maior número de refugos para compensar a má qualidade).

- Procurar um maior fluxo de produtos

As operações lean têm de ser reactivas às mudanças do mercado. Precisam de ser ágeis e capazes de alterar rapidamente os processos e os produtos à medida que surgem alterações nas operações e na procura do mercado. A incorporação das ideias JIT de fazer com que o fornecedor entregue os artigos mesmo a tempo da sua utilização na produção, o fabrico produzindo o produto mesmo a tempo da expedição para o cliente e a encomenda puxando o produto através do sistema mesmo a tempo da sua utilização são apoiadas pela noção de aumentar o fluxo de produtos numa operação. Como é que se consegue aumentar o fluxo de produtos? Uma forma de atingir este objetivo é conceber um sistema de produção que maximize o fluxo do produto através das operações de forma rápida e eficiente. Todos trabalham em conjunto para manter os vários inventários WIP e acabados num movimento constante em direção ao consumidor final. Este sistema também pode exigir a abordagem JIT para programar a produção e o movimento através das operações, a fim de minimizar o desperdício de tempo.

- Procurar custos reduzidos

À medida que reduzimos o desperdício de tempo de trabalho, equipamento, espaço físico ou qualquer recurso, há uma redução correspondente no custo do processo. Com o Lean, o movimento do produto através de um sistema é aumentado. Isso, por si só, reduz o tempo em que materiais e componentes permanecem como estoque ocioso. Pense nos vários custos que são reduzidos ao diminuir o tempo em que os materiais e componentes chegam a uma fábrica até que o produto acabado esteja disponível para o cliente. Os custos de capital, seguros, inspeção, segurança, impostos, manutenção, deterioração, manuseamento de materiais, danos, auditoria, contabilidade, etc., são todos reduzidos proporcionalmente ao aumento da velocidade do fluxo numa instalação lean. A minimização do desperdício, a melhoria da qualidade e o aumento do fluxo de produtos contribuem para a redução do custo de produção. Isto é verdade para todas as organizações de fabrico e de serviços.

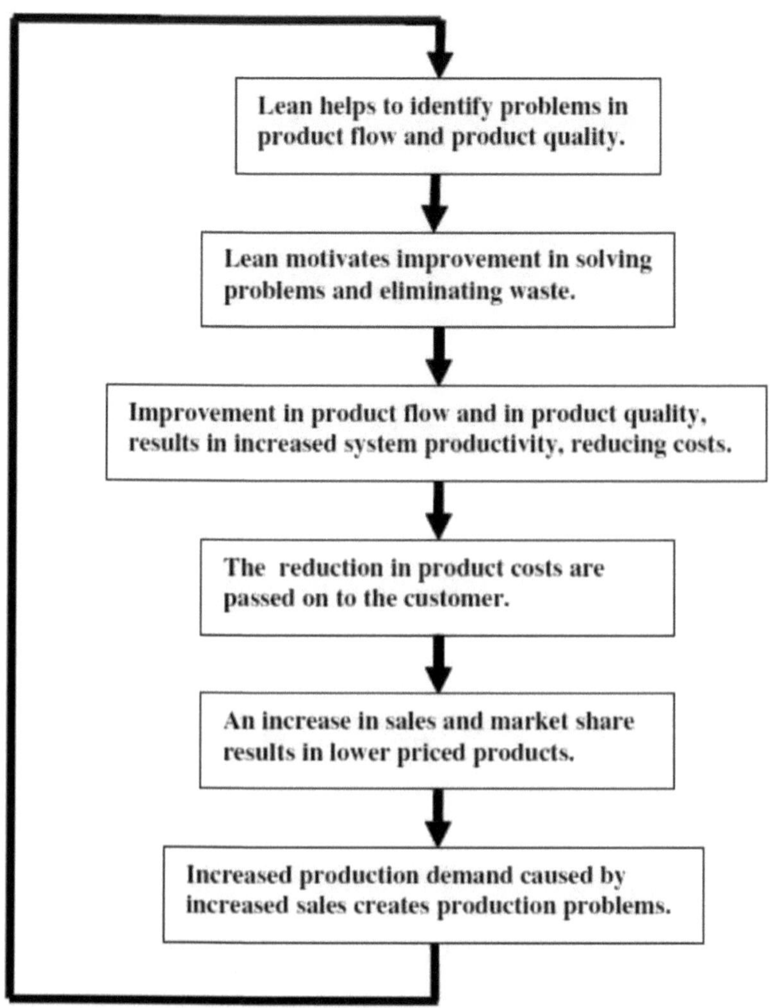

Fig 2 - Processo de ciclo de produtividade JIT/Lean

1.5 MAPEAMENTO DE PROCESSOS E MAPEAMENTO DO FLUXO DE VALOR

O mapeamento de processos é uma ajuda gráfica utilizada para descrever a sequência de todas as actividades e tarefas do processo necessárias para criar e fornecer um produto desejado. Trata-se de um fluxograma faseado das actividades e tarefas que compõem um processo, que um empregado ou uma tecnologia executa para concluir trabalhos. Um mapa estreitamente relacionado é o chamado mapa do fluxo de valor. O fluxo de valor são as actividades e tarefas de valor acrescentado para conceber, produzir e fornecer bens e serviços aos clientes.

Um mapa do fluxo de valor (VSM) é semelhante a um mapa de processos, na medida em que mostra as actividades e tarefas que constituem um processo. No entanto, no VSM são destacadas as actividades e tarefas com valor acrescentado e sem valor acrescentado. Além disso, as informações sobre os custos e o calendário das actividades e tarefas de valor acrescentado e sem valor acrescentado são normalmente incluídas para uma análise comparativa da eliminação de resíduos.

1.6 OS 5 SS

Quando os postos de trabalho ou as ferramentas dos empregados estão desorganizados, os empregados podem perder tempo à procura do que precisam para produzir os seus produtos ou prestar os serviços necessários aos clientes. Os 5 Ss são directrizes úteis para a organização do espaço de trabalho. São eles:

- Ordenar (em japonês: *Seiri):* Identificar itens desnecessários no espaço de trabalho (por exemplo, ferramentas, equipamentos, materiais, etc.) e removê-los.
- Colocar em ordem *(Seitan):* Organizar os itens do espaço de trabalho para uma rápida identificação e utilização.
- Brilhar *(Seiso):* Manter o espaço de trabalho limpo e o equipamento bem conservado (por exemplo, ferramentas oleadas e afiadas).
- Normalizar *(Seiketsu):* Formalizar os procedimentos para evitar o desperdício de tempo de indecisão. Praticar os procedimentos para uma aplicação eficiente, para a consistência na implementação do serviço e para garantir que todos os passos são executados.
- Sustentar *(Shitsuke):* Utilizar a formação, a comunicação e outros métodos organizacionais para realizar continuamente os 5 Ss.

1.7 SEIS SIGMA

Seis Sigma é uma abordagem de melhoria da qualidade que procura eliminar as causas dos defeitos nos processos de fabrico e de serviços. O termo Seis Sigma tem origem na medida estatística que permite, no máximo, 3,4 defeitos por milhão de oportunidades. Por outras palavras, praticamente não são permitidos defeitos nos produtos segundo este princípio. Um defeito em Seis Sigma é definido como qualquer erro que é transmitido ao cliente de forma a que este o veja como uma não-conformidade do produto. Podemos medir a qualidade dos produtos através dos defeitos por unidade (DPU):

DPU = Número de defeitos detectados/Número de unidades produzidas.

Para ilustrar, se tivermos um centro de assistência informática que vende 500 computadores num dia e só falha 4 vezes na configuração correcta dos computadores no mesmo dia, o seu DPU seria 0,008 (ou seja, 4/500). O conceito de Seis Sigma caracteriza o desempenho da qualidade por defeitos por milhão de oportunidades (DPMO):

DPMO = DPU^x 1.000.000/Oportunidades de erro.

Mais uma vez, olhando para o exemplo do centro de assistência informática, suponhamos que há 100 itens possíveis numa lista de verificação que têm de ser preenchidos para cada configuração de computador. Para um dia com 500 computadores a 100 oportunidades por computador, isso traduzir-se-ia em 50.000 (ou seja, 500^x 100) oportunidades de erro na configuração dos 500 computadores. O DPMO resultante é de 0,16 (0,008 x 1.000.000/50.000), o que é bastante elevado e deve exigir acções correctivas para procurar abordagens que reduzam o valor resultante.

Nas aplicações de serviço do Seis Sigma, a fórmula é alterada para *erros por milhão de oportunidades* (EPMO) ou:

EPMO = DPU x 1 000 000/Oportunidades de erro.

O Six Sigma é um programa que as organizações devem adotar plenamente para maximizar os seus benefícios.

Os conceitos-chave para a implementação do Six Sigma geralmente incluem o seguinte:

• Assegurar a identificação de métricas adequadas nos processos de fabrico ou de serviço que se centrem nos resultados comerciais. A eliminação de defeitos resultará em menos custos e mais lucro.

• Enfatizar o DPMO ou EPMO como uma métrica padrão que pode ser aplicada a todas as áreas funcionais da organização. A eliminação de defeitos é uma atividade que abrange toda a organização. O Six Sigma funcionará tão bem na contabilidade como na produção.

• Criar um defensor do Seis Sigma para patrocinar e coordenar as actividades da equipa, ajudar a ultrapassar a resistência dos trabalhadores à mudança, procurar financiamento e recursos e desenvolver estratégias de implementação.

• Desenvolver peritos internos que possam formar outros em Six Sigma, tais como peritos qualificados em melhoria de processos (designados por "black belts") que possam liderar equipas e formar outros na utilização de metodologias de melhoria.

• Fornecer formação extensiva em planeamento de projectos de qualidade (uma vez que um programa Seis Sigma é composto por projectos Seis Sigma) para identificar actividades sem valor acrescentado e oportunidades de redução de configuração.

• Desenvolver um plano específico e detalhado para ajudar na implementação do Six Sigma

CAPÍTULO 2

REVISÃO DA LITERATURA

2.1 Revisão da literatura relacionada

Neste tópico, a área de investigação é a SCM, na qual devem ser abordados os princípios da produção optimizada e do JIT. Segue-se a literatura relacionada.

Arnout Pool et.al [1] estudaram a forma como os princípios de produção "em fluxo" e "puxada" - que sugerem um fluxo de produtos regular e orientado para a procura - podem ser implementados na indústria (semi-) transformadora através da introdução de programas cíclicos. A programação cíclica ajuda a concretizar a regularidade na parte contínua da produção. A sua simplicidade e transparência conduzem a uma coordenação mais estreita dos processos de planeamento e controlo com os processos de produção.

Rachna Shah et.al [2] examina os efeitos de três factores contextuais, a dimensão da fábrica, a idade da fábrica e o estatuto de sindicalização, sobre a probabilidade de aplicação de 22 práticas de fabrico que são facetas fundamentais dos sistemas de produção optimizada. A dimensão da fábrica, a sindicalização e a idade da fábrica são importantes para a aplicação de práticas optimizadas, embora nem todos os aspectos sejam importantes na mesma medida. Em segundo lugar, a aplicação simultânea de conjuntos sinérgicos de práticas lean parece contribuir substancialmente para o desempenho operacional, para além dos efeitos pequenos mas significativos do contexto.

Ma Ga (Mark) Yang et.al [3] explora as relações entre as práticas de fabrico racional, a gestão ambiental (por exemplo, práticas de gestão ambiental e desempenho ambiental) e os resultados do desempenho empresarial (por exemplo, desempenho financeiro e de mercado). Este modelo de investigação apresenta o lean manufacturing como um importante antecedente das práticas de gestão ambiental.

Krisztina Demeter et.al [4] estudaram a forma como as empresas podem melhorar o seu desempenho em termos de rotação de existências através da utilização de práticas "lean". Encontraram uma relação significativa entre as práticas LM e a rotação de stocks.

Hung-da Wan et.al [5] apresenta uma abordagem de avaliação lean adaptativa que proporciona uma forma eficaz de orientar o processo de implementação lean. Utilizando o programa baseado na Web, é gerado um modelo de avaliação adaptável a cada utilizador para avaliar o estado atual do sistema, identificar os objectivos urgentes de melhoria e identificar as ferramentas e técnicas adequadas para desenvolver planos de ação.

Yi-fen Su et.al [6] estudaram o planeamento de recursos empresariais (ERP) e a gestão da cadeia de abastecimento (SCM), que representam importantes opções de investimento em tecnologias da informação para os gestores de operações ou de TI, e que têm sido aclamados na literatura profissional e académica pelo seu potencial para melhorar o desempenho das empresas.

John P.T. Mo et.al [7] Os estudos concluíram que as alterações ao sistema informático conduziriam a mudanças significativas em muitos outros aspectos do chão de fábrica. A experiência adquirida com as montras e outra literatura mostrou que estas questões não relacionadas com as TI devem ser tratadas separadamente por um projeto de produção optimizada.

Kevin B. Hendricks et.al [8] Os sistemas de planeamento dos recursos empresariais (ERP), de gestão da cadeia de abastecimento (SCM) e de gestão das relações com os clientes (CRM) influenciam o desempenho a longo prazo do preço das acções de uma empresa e as medidas de rendibilidade, como a rendibilidade dos activos e a rendibilidade das vendas.

Cheri Speier et.al [9] desenvolveu o quadro para examinar a ameaça de potenciais perturbações nos processos da cadeia de abastecimento e centra-se em potenciais estratégias de atenuação e de conceção da cadeia de abastecimento que podem ser implementadas para atenuar este risco. O quadro foi desenvolvido através da integração de três perspectivas teóricas - teoria do acidente normal, teoria da elevada fiabilidade e prevenção do crime situacional.

Jyri P.P. Vilko et.al [10] apresentam conceitos e resultados preliminares de investigação relativos à identificação e análise de riscos em cadeias de abastecimento multimodais. Apresentam um novo quadro para categorizar os riscos em termos dos seus factores impulsionadores, a fim de avaliar o impacto global no desempenho da cadeia de abastecimento

Mahmoud Houshmand & Bizhan Jamshidnezhad [11] apresentaram uma modelação axiomática da conceção de um sistema de produção optimizada, utilizando variáveis de processo (PV). Existem alguns factores que desempenham um papel fundamental no fracasso das práticas de implementação do sistema "lean", tais como: a falta de uma base científica para o fabrico "lean" e o processo de transformação que lhe está associado, a falta de identificação precisa das necessidades e das razões para a mudança, a resistência à mudança, etc. Os autores propuseram um modelo axiomático, sob a forma de relações FR-DP-PV, que fornece um modelo científico para os conceitos, princípios e metodologias do lean manufacturing, atenuando assim muitas das deficiências de implementação existentes. A estrutura hierárquica proposta clarifica da melhor forma as inter-relações dos conceitos, princípios e metodologias.

Jan Riezebos & Warse Klingenberg [12] discutiram a evolução do papel das tecnologias da informação (TI) no avanço da produção enxuta. Os princípios e técnicas Lean têm sido aplicados numa grande variedade de organizações, desde as indústrias "make-to-stock" às indústrias "engineer-to-order", e mesmo em sectores de serviços típicos, como os cuidados de saúde. Para aplicar os princípios lean em vários domínios, foram desenvolvidas variantes de técnicas bem conhecidas, como o Kanban, o Kaizen, o SMED e o 5S. Sugeriram que se estimulassem os esforços de investigação para fazer avançar a produção optimizada nas indústrias transformadoras e de serviços. A aplicação dos princípios da produção racionalizada nas indústrias de produção por encomenda e nos serviços industriais parece estar ainda atrasada, porque muitas das técnicas tradicionais não podem ser aplicadas diretamente nos seus processos.

Fawaz A. Abdulmalek & Jayant Rajgopal [13] descreveram um caso em que os princípios lean foram adaptados ao sector dos processos para aplicação numa grande siderurgia integrada. O mapeamento do fluxo de valor foi a principal ferramenta utilizada para identificar as oportunidades de aplicação de várias técnicas Lean. Descrevem também um modelo de simulação que foi desenvolvido para contrastar em pormenor os cenários "antes" e "depois", a fim de ilustrar aos gestores os potenciais benefícios, tais como a redução do tempo de produção e a diminuição do inventário de trabalhos em curso. Muitas indústrias do sector dos processos têm, de facto, uma combinação de elementos contínuos e discretos e é, de facto, bastante viável adaptar judiciosamente as técnicas lean.

David J. Meade et.al [14] A sua investigação explora a magnitude e a duração do impacto negativo sobre os lucros registados durante a implementação de um sistema de produção optimizado. A sua investigação utiliza um modelo de simulação de vários períodos de uma operação de produção que incorpora um sistema de planeamento da produção e de controlo de inventário. Uma abordagem de simulação híbrida é empregada usando o Microsoft Excel para modelar a função Manufacturing Resource Planning (MRPII), enquanto o software de simulação Pro Model é usado para o desenvolvimento e operação do ambiente de produção do modelo. O Microsoft Visual Basic ® é utilizado para criar uma ponte entre os sistemas de divulgação do calendário e de atualização do inventário.

Ann Marucheck et.al [15] estudaram as questões e os desafios em matéria de segurança dos produtos que surgem em cinco indústrias que estão a globalizar cada vez mais as suas cadeias de abastecimento: alimentação, produtos farmacêuticos, dispositivos médicos, produtos de consumo e automóveis. Uma das principais conclusões é que, em cada uma destas indústrias, um problema premente de segurança ou proteção pode ser atribuído a condições da cadeia de abastecimento global. Assim, na indústria alimentar, o principal problema é a contaminação, enquanto na indústria farmacêutica é a contrafação. A indústria dos dispositivos médicos está a tentar garantir a segurança, dado o ritmo acelerado da evolução tecnológica

A. Michael Knemeyer et.al[16] estudaram o efeito dos acontecimentos catastróficos nos sistemas da cadeia de abastecimento. O processo de planeamento fornece uma abordagem sistemática para que os gestores identifiquem os principais locais sujeitos a riscos de catástrofe e estimem a probabilidade de ocorrência e o impacto financeiro de potenciais acontecimentos catastróficos. Além disso, o processo proposto fornece aos gestores informações que os ajudam a gerar e selecionar contramedidas adequadas destinadas a atenuar o efeito potencial dos acontecimentos catastróficos nas cadeias de abastecimento.

Christopher S. Tang [17] estudou os vários modelos quantitativos para a gestão dos riscos da cadeia de abastecimento. Verificou que estes modelos quantitativos são concebidos essencialmente para gerir os riscos operacionais e não os riscos de rutura. Estas estratégias podem tornar uma cadeia de abastecimento mais eficiente em termos de gestão dos riscos operacionais e mais resistente em termos de gestão dos riscos de perturbação.

De Xia et.al [18] estudou o sistema de gestão do risco da cadeia de abastecimento. Concluiu um modelo de tomada de decisão baseado nos mecanismos internos de desencadeamento e interação num sistema de risco da CS, que tem em conta dois ciclos, o ciclo do processo operacional (OPC) e o ciclo de vida do produto (PLC). Uma forte relação bilateral de influência-imposição é a chave da gestão do risco da CS, enquanto existem circulações internas entre os elementos do ciclo do processo operacional (OPC), que tornam o sistema de risco mais complexo.

Gonca Tuncel et.al [19] estudaram a estrutura das redes de Petri que pode ser utilizada para modelar e analisar uma rede de cadeia de abastecimento (CS) que está sujeita a vários riscos. Estudaram que a PN pode ser utilizada eficazmente para modelar a natureza dinâmica e estocástica da CS. Proporcionam uma compreensão aprofundada da lógica de controlo da estrutura da rede e podem ajudar na avaliação de várias estratégias operacionais. A PN pode potencialmente desempenhar um papel significativo na modelação e análise de riscos.

Soo Wook Kim [20] estudou as relações causais entre a prática da gestão da cadeia de abastecimento (GCS), a capacidade concorrencial, o nível de integração da cadeia de abastecimento (CS) e o desempenho da empresa. Concluíram que a integração da CS pode ter uma influência significativa na ligação entre a prática da GCS e a capacidade de concorrência, inversamente. O seu estudo foi realizado em empresas japonesas e coreanas.

Petri Niemi et.al [21] estudaram o efeito da melhoria do impacto da análise quantitativa na elaboração das políticas da cadeia de abastecimento. Concluíram que o impacto da análise quantitativa na elaboração das políticas da cadeia de abastecimento pode ser melhorado adaptando os diferentes papéis da análise nas diferentes fases do processo de elaboração das políticas.

M.T. Melo et.al [22] estudou as medidas de desempenho da cadeia de abastecimento e as técnicas de otimização. Estudou que o papel da localização das instalações é decisivo no planeamento da rede da cadeia de abastecimento e que este papel está a tornar-se mais importante com a necessidade crescente de modelos mais abrangentes que captem simultaneamente muitos aspectos relevantes para o problema da vida real

2.2 Lacunas de investigação

1. A relevância dos princípios Lean na SCM ainda não foi devidamente estudada
2. Efeito dos princípios JIT no funcionamento da SCM.

2.3 Objectivos do presente estudo

1. Diligência dos princípios JIT na SCM.
2. Estudo dos diferentes princípios Lean em SCM.
3. Aplicação dos princípios Lean em SCM.
4. Monitorização dos princípios JIT no SCM.

CAPÍTULO -3

PRODUÇÃO OPTIMIZADA

3.1 Introdução

O Lean tem sido referido na literatura como um processo, projeto, programa, princípio, abordagem, metodologia e filosofia. O Lean pode ser aplicado a processos individuais, departamentos individuais ou organizações inteiras como um projeto para melhorias de eficiência a curto prazo. O Lean pode ser alargado a programas de longo prazo, em que os projectos são realizados para instalar permanentemente o Lean para a melhoria contínua dos processos.

O Lean é também um conjunto de princípios, abordagens e metodologias que podem ser aplicados individual ou coletivamente. Quando os princípios Lean são utilizados como uma abordagem à gestão, são continuamente aplicados e podem tornar-se numa filosofia a longo prazo para orientar as organizações para um desempenho de classe mundial.

Em todo o país, numerosas empresas de dimensão variável em vários sectores industriais, principalmente nos sectores da indústria transformadora e dos serviços, estão a implementar esses sistemas de produção lean, e os especialistas referem que a taxa de adoção do lean está a acelerar. As empresas optam principalmente por se envolverem na produção enxuta por três razões: reduzir os requisitos e custos dos recursos de produção; aumentar a capacidade de resposta ao cliente; e melhorar a qualidade do produto, tudo isso combinado para aumentar os lucros e a competitividade da empresa. Para ajudar a concretizar estas melhorias e a redução de desperdício associada, o lean envolve uma mudança fundamental de paradigma da produção em massa convencional "batch and queue" para a produção pull "one-piece flow" alinhada com o produto. Enquanto que o "batch and queue" envolve a produção em massa de grandes lotes de produtos antecipadamente, com base na procura potencial ou prevista dos clientes, um sistema de "one-piece flow" reorganiza as actividades de produção de forma a que as etapas de processamento de diferentes tipos sejam conduzidas imediatamente adjacentes umas às outras num fluxo contínuo.

3.2 Pontos-chave em lean

<u>O Lean produz um ambiente operacional e cultural que é altamente conducente à minimização de resíduos e à prevenção da poluição (P2).</u>

- Os métodos Lean centram-se na melhoria contínua da produtividade dos recursos e da eficiência da produção, o que se traduz frequentemente em menos material, menos capital, menos energia e menos resíduos por unidade de produção. Além disso, o método Lean promove uma cultura de melhoria contínua, sistémica e com o envolvimento dos funcionários, semelhante à incentivada pelos programas e iniciativas voluntários existentes nos organismos públicos, tais como os que se centram nos sistemas de gestão ambiental (EMS), na minimização de resíduos, na prevenção da poluição e no Design for Environment, entre outros. Existem fortes evidências de que o Lean produz melhorias no desempenho ambiental que teriam tido uma atratividade financeira ou organizacional muito limitada se o caso de negócio se tivesse baseado principalmente nos factores convencionais de retorno do investimento P2 associados aos projectos.

- Esta investigação indica que os motores Lean para a mudança cultural - melhorias substanciais na rentabilidade e na competitividade através da redução da intensidade de capital e de tempo dos processos de produção e de serviços - são consistentemente muito mais fortes do que os motores que entram pela "porta verde", tais como as poupanças resultantes das actividades de prevenção da poluição e as reduções do risco de conformidade e da responsabilidade.

- Esta investigação concluiu que os esforços de implementação lean criam poderosas vantagens para a melhoria ambiental. Na medida em que a melhoria dos resultados ambientais pode acompanhar a mudança da cultura lean, há uma vitória para o negócio e uma vitória para a melhoria ambiental. A prevenção da poluição pode "pagar", mas quando associada aos esforços de implementação lean, a probabilidade de a prevenção da poluição competir aumenta substancialmente.

<u>O Lean pode ser alavancado para produzir mais melhorias ambientais, preenchendo os principais "pontos cegos" que podem surgir durante a implementação do Lean.</u>

- Embora o método "lean" produza atualmente benefícios ambientais e estabeleça uma cultura de eliminação de resíduos sistémica e baseada na melhoria contínua, os métodos "lean" não incorporam explicitamente considerações de desempenho ambiental, deixando em cima da mesa oportunidades de melhoria ambiental. Em muitos casos, os métodos lean têm "pontos cegos" no que respeita ao risco ambiental e aos impactos do ciclo de vida.

- Esta investigação identificou três lacunas fundamentais associadas a estes pontos cegos que, se preenchidas, poderiam aumentar ainda mais as melhorias ambientais resultantes da aplicação do método "lean". Em primeiro lugar, os métodos lean não identificam explicitamente a poluição e o risco ambiental como "resíduos" a eliminar.

- Em segundo lugar, em muitas organizações, o pessoal ambiental não está bem integrado nas operações baseadas nos esforços de implementação lean, levando muitas vezes as actividades de gestão ambiental a operar num "universo paralelo" aos esforços de implementação lean. Em terceiro lugar, a riqueza de informações e conhecimentos relacionados com a minimização de resíduos e prevenção da poluição que as agências de gestão ambiental têm reunido ao longo das últimas duas décadas não está a chegar rotineiramente às mãos dos praticantes do lean.

- Apesar destas lacunas, há provas de que o sistema Lean constitui uma excelente plataforma para a incorporação de ferramentas de gestão ambiental, como a avaliação do ciclo de vida, o design para o ambiente e outras ferramentas concebidas para reduzir os riscos ambientais e os impactos ambientais do ciclo de vida.

<u>O Lean experimenta "fricções" regulamentares em torno de processos sensíveis do ponto de vista ambiental.</u>

- Nos casos em que existem processos de fabrico sensíveis do ponto de vista ambiental, o ambiente operacional móvel, flexível e de dimensão adequada que se pretende com as iniciativas lean pode ser complexo e difícil de implementar. Esta investigação indica que o número de processos sensíveis do ponto de vista ambiental que geram complexidade e dificuldade é relativamente pequeno, incluindo:

- Gestão de produtos químicos no ponto de utilização;
- Tratamento químico;
- Processos de acabamento de metais;

- Pintura e revestimento; e

- Limpeza e desengorduramento de peças.

- A "fricção", sob a forma de incerteza ou atraso, resulta normalmente quando os regulamentos ambientais não contemplam explicitamente sistemas de produção móveis e de tamanho correto ou mudanças operacionais iterativas e de ritmo acelerado. Isto resulta em situações em que as melhorias do desempenho ambiental podem ser limitadas ou em que o risco de potencial incumprimento dos regulamentos ambientais aumenta.

- Quando as empresas se atrasam ou são dissuadidas de aplicar o lean em processos ambientalmente sensíveis, elas não apenas são menos capazes de lidar com as pressões competitivas da indústria, mas também não percebem os benefícios da redução de desperdício em torno destes processos que normalmente resultam da implementação do lean. Alternativamente, a falta de precedentes regulamentares ou de clareza pode fazer com que até mesmo as empresas mais bem intencionadas interpretem erroneamente os requisitos e sofram violações, mesmo quando a melhoria ambiental tenha resultado. Esta investigação concluiu que não é necessário um alívio regulamentar para resolver estas áreas de fricção, mas sim que uma maior clareza em torno de estratégias de conformidade aceitáveis (e interpretações regulamentares) para a redução destes processos sensíveis do ponto de vista ambiental e uma maior capacidade de resposta do governo no âmbito das suas actividades administrativas são susceptíveis de reduzir esta fricção.

<u>As agências ambientais têm uma janela de oportunidade para aumentar os benefícios ambientais associados ao sistema Lean.</u>

- Existe uma rede forte e crescente de empresas que implementam e organizações que promovem o lean em todos os Estados Unidos. Para essas empresas que estão a fazer a transição para um ambiente de produção lean, a EPA tem uma oportunidade chave para influenciar os seus investimentos lean e estratégias de implementação, ajudando a estabelecer explicitamente com os métodos lean considerações e oportunidades de desempenho ambiental. Da mesma forma, a EPA pode construir sobre a base educacional das organizações de apoio ao lean - sem fins lucrativos, editoras e firmas de consultoria - para assegurar que elas incorporem considerações ambientais em seus esforços

- Como sugeriram vários especialistas em lean, os esforços para "pintar o lean de verde" provavelmente não irão longe com a maioria dos praticantes e promotores do lean. Em vez disso, as agências públicas de gestão ambiental serão melhor servidas se estiverem à mesa com os praticantes e promotores, procurando oportunidades para encaixar as considerações e ferramentas ambientais, quando apropriado, no contexto dos métodos lean focados nas operações.

3.3 Origens do Lean

Embora existam muitas origens citadas para muitos dos conceitos fundadores da produção enxuta, a maioria das pessoas reconhece o Sistema Toyota de Produção (TPS) como reunindo inicialmente todos os ingredientes essenciais necessários para implementar um processo completo de produção enxuta.

Esses "ingredientes essenciais" incluem:
- Equilibrar o fluxo através do processo
- Aumentar o rendimento para corresponder exatamente à procura dos clientes
- Reduzir o inventário e o desperdício ao longo do processo de produção
- Produzir maior variedade e complexidade do que anteriormente era possível

Os modelos de produção automóvel anteriores, como os desenvolvidos originalmente por Henry Ford em 1914 para a linha do Modelo T, eram sistemas de processos baseados na produção em massa. O termo "lean" foi originalmente cunhado na sequência de um estudo do MIT sobre o sector automóvel e do livro que se seguiu a esse estudo. Esse livro foi o marco histórico "The Machine that Changed the World" (A Máquina que Mudou o Mundo), de Womak e Jones, em 1988.

Antes disso, Richard Schonberger, no seu excelente texto 'Japanese Manufacturing Techniques', captou muito do mesmo pensamento sem o rótulo "lean". Nessa altura, o termo mais popular para os processos sem desperdício baseados em puxar era "Just In Time" ou JIT. O texto de Schonberger foi publicado 6 anos antes da "Máquina que Mudou o Mundo", mas uma inspeção mostrará que há pouca diferença entre os conceitos de base de ambos os textos.

3.4 Desperdícios no Lean Manufacturing

Os desperdícios acima referidos são normalmente designados por actividades sem valor acrescentado e são conhecidos pelos profissionais Lean como os Oito Desperdícios. Taiichi Ohno (co-desenvolvedor do Sistema de Produção Toyota) sugere que estes desperdícios são responsáveis por até 95% de todos os custos em ambientes de fabrico não-Lean.

Estes resíduos são:

- Sobreprodução

  Produzir mais do que o cliente exige. O princípio Lean correspondente consiste em fabricar com base num sistema de puxar, ou seja, produzir produtos à medida que os clientes os encomendam. Tudo o que é produzido para além disso (stocks de segurança, inventários de trabalho em curso, etc.) consome mão de obra e recursos materiais valiosos que poderiam ser utilizados para responder à procura do cliente.

- Em espera

  Isto inclui a espera por material, informação, equipamento, ferramentas, etc. O Lean exige que todos os recursos sejam fornecidos numa base just-in-time (JIT) - nem demasiado cedo, nem demasiado tarde.

- Transporte

  O material deve ser entregue no seu ponto de utilização. Em vez de as matérias-primas serem expedidas do fornecedor para um local de receção, processadas, movidas para um armazém e depois transportadas para a linha de montagem, o Lean exige que o material seja expedido diretamente do fornecedor para o local na linha de montagem onde será utilizado. O termo Lean para esta técnica é designado por point-of-use-storage (POUS).

- Processamento sem valor acrescentado

  Alguns dos exemplos mais comuns são o retrabalho (o produto ou serviço deveria ter sido feito corretamente da primeira vez), a rebarbação (as peças deveriam ter sido produzidas sem rebarbas, com ferramentas devidamente concebidas e mantidas) e a inspeção (as peças deveriam ter sido produzidas utilizando técnicas de controlo estatístico do processo para eliminar ou minimizar a quantidade de inspecções necessárias). Uma técnica denominada Mapeamento do Fluxo de Valor é frequentemente utilizada para ajudar a identificar as etapas sem valor acrescentado no processo (tanto para os fabricantes como para as organizações de serviços).

- Excesso de inventário

Relacionado com a Superprodução, o inventário para além do necessário para satisfazer as necessidades dos clientes tem um impacto negativo no fluxo de caixa e utiliza espaço valioso. Um dos benefícios mais importantes da implementação dos Princípios Lean nas organizações de manufatura é a eliminação ou o adiamento dos planos de expansão do espaço do armazém.

- Defeitos

Os defeitos de produção e os erros de serviço desperdiçam recursos de quatro formas. Primeiro, os materiais são consumidos. Em segundo lugar, a mão de obra utilizada para produzir a peça (ou prestar o serviço) da primeira vez não pode ser recuperada. Terceiro, é necessária mão de obra para refazer o produto (ou refazer o serviço). Em quarto lugar, a mão de obra é necessária para responder a quaisquer reclamações futuras dos clientes.

- Excesso de movimento

Os movimentos desnecessários são provocados por um fluxo de trabalho deficiente, uma disposição deficiente, uma gestão interna e métodos de trabalho incoerentes ou não documentados. O mapeamento do fluxo de valor (ver acima) também é utilizado para identificar este tipo de desperdício.

- Pessoas subutilizadas

Isto inclui a subutilização de competências e capacidades mentais, criativas e físicas, enquanto os ambientes não-Lean apenas reconhecem a subutilização de atributos físicos. Algumas das causas mais comuns para este desperdício incluem - fluxo de trabalho deficiente, cultura organizacional, práticas de contratação inadequadas, formação deficiente ou inexistente e elevada rotação de trabalhadores.

3.5 Sistema de produção da Toyota

O facto de o Sistema de Produção da Toyota ser mais conhecido do que a Teoria das Restrições é mais uma questão de aniversários do que de mérito. Tanto o TPS como a TOC são capazes de produzir resultados muito superiores aos da produção em massa tradicional. Mas Eiji Toyoda e Taiichi Ohno estavam a criar o Sistema de Produção da Toyota quando Eliyahu M. Goldratt, o pai da Teoria das Restrições, tinha apenas três anos de idade. Na altura em que Goldratt formulou a teoria das restrições, o TPS tinha atingido a maturidade no Japão. E ocupou o centro do palco nos Estados Unidos em meados da década de 1980, devido à derrota que os produtos japoneses estavam a dar aos produtos americanos nos seus próprios mercados internos.

A produção em massa tinha evoluído para uma forma tão pesada e esbanjadora de fazer negócio que Toyoda e Ohno não tiveram de procurar muito para encontrar um ponto de partida. Começaram a eliminar o desperdício do processo de produção com uma vingança, começando pelo desperdício que era óbvio e passando depois para o desperdício que estava escondido. A sua filosofia colocava duas questões: "Onde está o desperdício no sistema de fabrico?" e "Qual é a melhor forma de o eliminar?"

No entanto, na América, o TPS nem sempre foi adotado como uma filosofia unificada. Em vez disso, muitas empresas americanas aceitaram os seus componentes de forma fragmentada, adoptando alguns dos seus aspectos e métodos enquanto ignoravam ou rejeitavam outros. Uma vez que o Sistema de Produção da Toyota não era geralmente conhecido por esse nome na América, outros termos como controlo estatístico de processos, engenharia simultânea, análise de causa-efeito, cinco porquês, trabalho de equipa, gestão da cadeia de fornecedores/fornecimento, integração horizontal e just-in-time ganharam um reconhecimento mais amplo. E o conjunto destas (e outras) ferramentas passou a ser geralmente conhecido como "gestão da qualidade total" ou "melhoria contínua dos processos". Mais recentemente, termos como seis sigma juntaram-se ao léxico. Independentemente do nome que se lhe queira dar, como filosofia unificada, teve origem no Sistema de Produção da Toyota e todos estes componentes foram elementos do sucesso de Toyoda e Ohno.

O termo "produção magra", utilizado pela primeira vez em The Machine That Changed the World **(30)**, foi cunhado por um membro da equipa do Programa Internacional de Veículos Motorizados (IMVP) do Instituto de Tecnologia de Massachusetts (MIT). Era um sinónimo coletivo para o Sistema de Produção da Toyota.

A equipa do IMVP completou um estudo de investigação internacional de cinco anos que culminou no livro que introduziu o termo "lean" no mundo industrial. O estudo comparou o sistema de produção em massa criado por Henry Ford, ampliado exponencialmente por Sloan na General Motors, e praticado por praticamente todas as grandes indústrias do mundo até então (exceto a Toyota), com o sistema de produção inventado por Toyoda e Ohno - que a equipa do IMVP apelidou de "produção lean". Portanto, em essência, a produção enxuta é o Sistema Toyota de Produção. O que veio a ser conhecido como "produção optimizada", como veremos mais tarde, não é exatamente a mesma coisa.

3.6 Métodos utilizados pelas organizações para a implementação do Lean

3.6.1 Processo de Melhoria Rápida Kaizen

A produção Lean baseia-se na ideia de kaizen, ou melhoria contínua. Esta filosofia implica que pequenas mudanças incrementais, aplicadas de forma rotineira e sustentadas durante um longo período, resultam em melhorias significativas. O Kaizen, ou processos de melhoria rápida, é frequentemente considerado como o "bloco de construção" de todos os métodos de produção lean, uma vez que é um método chave utilizado para promover uma cultura de melhoria contínua e eliminação de desperdícios. O Kaizen centra-se na eliminação de desperdícios nos sistemas e processos específicos de uma organização, melhorando a produtividade e alcançando uma melhoria contínua sustentada.

A estratégia kaizen tem como objetivo envolver trabalhadores de várias funções e níveis da organização no trabalho conjunto para resolver um problema ou melhorar um determinado processo. A equipe utiliza técnicas analíticas, como o Mapeamento do Fluxo de Valor, para identificar rapidamente as oportunidades de eliminar o desperdício em um processo específico. A equipe trabalha para implementar rapidamente as melhorias escolhidas (muitas vezes dentro de 72 horas após o início do evento kaizen), normalmente focando em formas que não envolvam grandes investimentos de capital. Eventos periódicos de acompanhamento têm como objetivo assegurar que as melhorias do kaizen "blitz" sejam sustentadas ao longo do tempo.
O Kaizen pode ser utilizado como uma ferramenta de implementação para a maioria dos outros métodos Lean.

3.6.2 5S

O 5S é um sistema para reduzir o desperdício e otimizar a produtividade através da manutenção de um local de trabalho ordenado e da utilização de pistas visuais para obter resultados operacionais mais consistentes. Deriva da crença de que, no trabalho diário de uma empresa, as rotinas que mantêm a organização e a ordem são essenciais para um fluxo de actividades suave e eficiente. A implementação deste método "limpa" e organiza o local de trabalho basicamente na sua configuração atual, e é normalmente o ponto de partida para a transformação do chão de fábrica. Os pilares dos 5S, Ordenar (Seiri), Colocar em Ordem (Seiton), Brilhar (Seiso), Padronizar (Seiketsu) e Sustentar (Shitsuke), fornecem uma metodologia para organizar, limpar, desenvolver e sustentar um ambiente de trabalho produtivo. Os 5S incentivam os trabalhadores a melhorar o ambiente físico do seu trabalho e ensinam-nos a reduzir o desperdício, o tempo de inatividade não planeado e o inventário em curso. Uma implementação típica do 5S resultaria em reduções significativas na metragem quadrada do espaço necessário para as operações existentes. Também resultaria na organização de ferramentas e materiais em locais de armazenamento etiquetados e codificados por cores, bem como em "kits" que contêm apenas o que é necessário para executar uma tarefa. O 5S fornece a base sobre a qual outros métodos lean, como o TPM, o fabrico celular, a produção just-in-time e o six sigma, podem ser introduzidos eficazmente.

3.6.3 Manutenção Produtiva Total (TPM)

A Manutenção Produtiva Total (MPT) procura envolver todos os níveis e funções de uma organização para maximizar a eficácia global do equipamento de produção. Este método afina ainda mais os processos e equipamentos existentes, reduzindo erros e acidentes. Enquanto os departamentos de manutenção são o centro tradicional dos programas de manutenção preventiva, a TPM procura envolver os trabalhadores de todos os departamentos e níveis, desde o chão de fábrica até aos executivos seniores, para garantir o funcionamento eficaz do equipamento. A manutenção autónoma, um aspeto fundamental da TPM, forma e orienta os trabalhadores para cuidarem do equipamento e das máquinas com que trabalham. A TPM aborda todo o ciclo de vida do sistema de produção e constrói um sistema sólido, baseado no chão de fábrica, para prevenir acidentes, defeitos e avarias. O TPM centra-se na prevenção de avarias (manutenção preventiva), no equipamento "à prova de erros" (ou poka-yoke) para eliminar as avarias do equipamento e os defeitos do produto, facilitando a manutenção (manutenção correctiva), concebendo e instalando equipamento que necessita de pouca ou nenhuma manutenção (prevenção da manutenção) e reparando rapidamente o equipamento após a ocorrência de avarias (manutenção de avarias). O objetivo do TPM é a eliminação total de todas as perdas, incluindo avarias, perdas de configuração e ajuste do equipamento, paragens e pequenas paragens, velocidade reduzida, defeitos e retrabalho, derrames e condições de perturbação do processo, e perdas de arranque e de rendimento. Os objectivos finais do TPM são zero avarias no equipamento e zero defeitos no produto, o que leva a uma melhor utilização dos activos de produção e da capacidade da fábrica.

3.6.4 Fabrico celular/Sistemas de fluxo de uma peça.

No fabrico celular, as estações de trabalho e o equipamento de produção estão dispostos numa sequência alinhada com o produto que suporta um fluxo suave de materiais e componentes através do processo de produção com o mínimo de transporte ou atraso. A implementação deste método lean representa frequentemente a primeira grande mudança na atividade de produção e na configuração do chão-de-fábrica, e é o principal facilitador do aumento da velocidade e da flexibilidade da produção, bem como da redução das necessidades de capital, sob a forma de inventários em excesso, instalações e grandes equipamentos de produção. A Figura A ilustra o fluxo de produção num sistema convencional de lotes e filas, em que o processo começa com um grande lote de unidades provenientes do fornecedor de peças. As peças passam pelos vários departamentos funcionais em grandes "lotes", até que os produtos montados sejam enviados para o cliente.

Em vez de processar várias peças antes de as enviar para a máquina ou etapa de processo seguinte (como é o caso da produção em lotes e filas, ou produção de grandes lotes), o fabrico celular tem como objetivo mover os produtos através do processo de fabrico, uma peça de cada vez, a um ritmo determinado pela procura do cliente (a extração). O fabrico celular também pode proporcionar às empresas a flexibilidade de efetuar "mudanças" rápidas para variar o tipo ou as características do produto na linha de produção, em resposta às necessidades específicas dos clientes. Isto pode eliminar a necessidade de previsões incertas, bem como o desperdício associado a previsões falhadas.

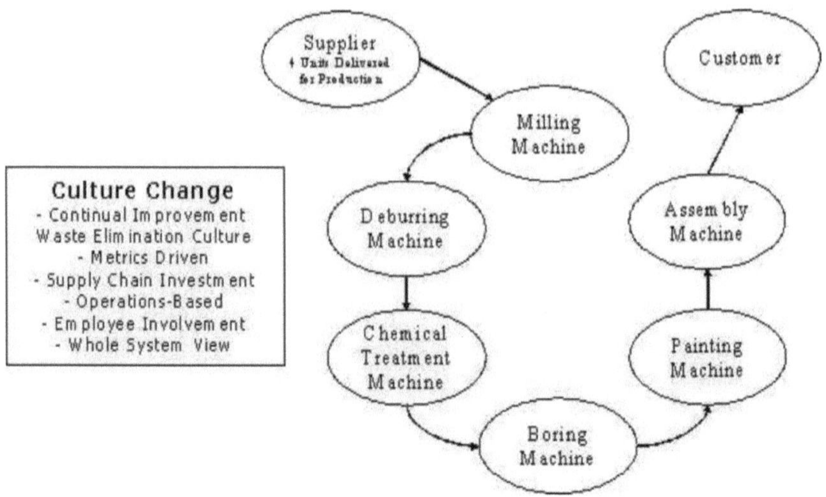

Os métodos de fabrico celular incluem técnicas analíticas específicas para avaliar as operações actuais e conceber uma nova disposição de fabrico baseada em células que encurte os tempos de ciclo e os tempos de mudança. Para aumentar a produtividade da conceção celular, uma organização deve frequentemente substituir as máquinas de produção de grande volume por máquinas pequenas, móveis, flexíveis e de "tamanho correto" para se adaptarem bem à célula. O equipamento tem frequentemente de ser modificado para parar e sinalizar quando um ciclo está completo ou quando ocorrem problemas, utilizando uma técnica chamada autonomação (ou jidoka).

Esta transformação muda frequentemente as responsabilidades dos trabalhadores de vigiar uma única máquina para gerir várias máquinas numa célula de produção. Embora os trabalhadores de chão de fábrica possam ter de alimentar ou descarregar peças no início ou no fim da sequência do processo, são geralmente libertados para se concentrarem na implementação de TPM e nas melhorias do processo. Utilizando esta técnica, a capacidade de produção pode ser aumentada ou diminuída de forma incremental, adicionando ou removendo células de produção.

3.6.5 Sistemas de produção just-in-time / kanban

A produção just-in-time, ou JIT, e o fabrico celular estão intimamente relacionados, uma vez que a disposição da produção celular é normalmente um pré-requisito para alcançar a produção just-in-time. O JIT tira partido da disposição do fabrico celular para reduzir significativamente as existências e o trabalho em curso (WIP). O JIT permite que uma empresa produza os produtos que os seus clientes desejam, quando os desejam e na quantidade que desejam. As técnicas JIT trabalham para nivelar a produção, distribuindo a produção uniformemente ao longo do tempo para promover um fluxo suave entre os processos. A variação da mistura de produtos produzidos numa única linha, muitas vezes referida como produção de shish-kebab, constitui um meio eficaz para produzir a mistura de produção desejada de uma forma suave. O JIT baseia-se frequentemente na utilização de pistas de controlo do inventário físico (ou kanban), muitas vezes sob a forma de contentores reutilizáveis, para assinalar a necessidade de deslocar ou produzir novas matérias-primas ou componentes do processo anterior. Muitas empresas que estão a implementar sistemas de produção lean também estão a exigir que os fornecedores entreguem componentes utilizando o JIT. A empresa dá um sinal aos seus fornecedores, através de computadores ou da entrega de contentores vazios, para que forneçam mais de um determinado componente quando este for necessário. O resultado final é, normalmente, uma redução significativa do desperdício associado a stocks desnecessários, WIP, embalagem e sobreprodução.

3.6.6 Seis Sigma

O Seis Sigma foi desenvolvido pela Motorola na década de 1990, com base em técnicas de controlo estatístico da qualidade e métodos de análise de dados bem estabelecidos. O termo sigma é uma letra do alfabeto grego utilizada para descrever a variabilidade. Um nível de qualidade sigma serve como indicador da frequência com que é provável a ocorrência de defeitos em processos, peças ou produtos. Um nível de qualidade Seis Sigma equivale a aproximadamente 3,4 defeitos por milhão de oportunidades, o que representa alta qualidade e variabilidade mínima do processo.

O Seis Sigma consiste num conjunto de métodos estruturados e baseados em dados para analisar sistematicamente os processos, a fim de reduzir a variação dos mesmos, que são por vezes utilizados para apoiar e orientar as actividades organizacionais de melhoria contínua. O conjunto de ferramentas de controlo estatístico de processos e de técnicas analíticas do Seis Sigma está a ser utilizado por algumas empresas para avaliar a qualidade dos processos e as áreas de desperdício, para as quais podem ser aplicados outros métodos lean como soluções. O Seis Sigma também está a ser utilizado para aumentar a produtividade e as melhorias de qualidade nas operações "lean". No entanto, nem todas as empresas que utilizam os métodos Six Sigma estão a implementar sistemas de produção lean ou a utilizar outros métodos lean.

O sistema Seis Sigma evoluiu nalgumas empresas para incluir métodos de implementação e manutenção do desempenho das melhorias dos processos. As ferramentas estatísticas do sistema Seis Sigma foram concebidas para ajudar uma organização a diagnosticar corretamente as causas profundas das lacunas e da variabilidade do desempenho e a aplicar as ferramentas e soluções mais adequadas para colmatar essas lacunas.

3.6.7 Planeamento da Pré-Produção (3P)

Enquanto que outros métodos Lean consideram um produto e os seus passos e técnicas do processo de produção como dados, o Planeamento de Pré-Produção (3P) foca-se na eliminação de desperdícios através de um produto "greenfield" e de um redesenho do processo. O 3P representa um ponto de viragem fundamental, uma vez que as organizações ultrapassam o foco na eficiência para incorporar a eficácia na satisfação das necessidades dos clientes. Os especialistas em Lean consideram o 3P como uma das ferramentas de fabrico avançado mais poderosas e transformadoras e, normalmente, só é utilizado por organizações que têm experiência na implementação de outros métodos Lean. O 3P procura ir ao encontro das necessidades dos clientes, começando com um desenvolvimento de produto limpo para criar e testar rapidamente potenciais projectos de produtos e processos que exijam o mínimo de tempo, material e recursos de capital. Este método envolve normalmente um grupo diversificado de funcionários (e, por vezes, clientes de produtos) num processo criativo de uma semana para identificar várias formas alternativas de satisfazer as necessidades do cliente utilizando diferentes concepções de produtos ou processos.

Os participantes procuram identificar as principais actividades necessárias para produzir um produto (por exemplo, cortar madeira para obter folheado, fixar o motor de um avião à asa) e, em seguida, procuram exemplos de como essas actividades são realizadas na natureza. Os projectos promissores são rapidamente "simulados" para testar a sua

A conceção de um produto é um processo que se baseia em critérios de viabilidade e é avaliada pela sua capacidade de satisfazer critérios em várias dimensões (por exemplo, custo de capital, custo de produção, qualidade, tempo). As 3P resultam normalmente em produtos menos complexos, mais fáceis de fabricar (muitas vezes referidos como "design for manufacturability") e mais fáceis de utilizar e manter. O 3P também pode conceber processos de produção que eliminem várias etapas do processo e que utilizem equipamento caseiro e de tamanho correto que satisfaça melhor as necessidades de produção.

3.6.8 Redes de Fornecedores de Empresas Lean

Para aproveitar plenamente os benefícios da implementação de sistemas avançados de fabrico, muitas empresas estão a trabalhar de forma mais agressiva com outras empresas da sua cadeia de fornecimento para encorajar e facilitar uma adoção mais ampla dos métodos lean. As redes de fornecedores de empresas Lean têm como objetivo fornecer produtos com a conceção e a quantidade certas, no local e no momento certos, resultando em benefícios partilhados em termos de custos, qualidade e redução de resíduos. À medida que as empresas avançam para a produção just-in-time, as implicações das interrupções de fornecimento devidas a má qualidade, mau planeamento ou paragens não planeadas tornam-se mais graves. Alguns fornecedores podem aumentar as suas próprias existências para satisfazer as necessidades just-in-time dos seus clientes, transferindo meramente os custos de manutenção de existências para montante na cadeia de abastecimento.

Ao mesmo tempo, algumas empresas "lean" estão a encontrar valor na exploração do conhecimento e experiência dos fornecedores, colaborando com os fornecedores-chave para conceber componentes, em vez de enviar especificações e adquirir a quem fizer a oferta mais baixa. Estima-se que muitas empresas só podem reduzir as operações em 25 a 30 por cento se os fornecedores e as empresas clientes não estiverem igualmente reduzidos.9 Algumas empresas de maior dimensão iniciaram actividades de cadeia de fornecimento empresarial lean para apoiar a implementação de métodos lean ao longo da sua cadeia de fornecimento. As técnicas específicas podem incluir formação, assistência técnica, reuniões anuais da cadeia de abastecimento, visitas ao local, intercâmbio de funcionários e projectos conjuntos (por exemplo, conceção de produtos ou componentes).

3.7 Benefícios da implementação do Lean

Os benefícios da implementação do Lean podem ser divididos em três grandes categorias: Melhorias Operacionais, Administrativas e Estratégicas. Até hoje, a maioria das organizações que implementam o

Lean o fazem para as melhorias operacionais, principalmente por causa da perceção de que

O Lean aplica-se apenas à vertente operacional da empresa. No entanto, de acordo com a nossa experiência, os benefícios administrativos e estratégicos do Lean são igualmente impressionantes. Alguns dos benefícios do Lean estão resumidos abaixo:-

Melhorias operacionais-

A NIST Manufacturing Extension Partnership realizou recentemente um inquérito a quarenta dos seus clientes que tinham implementado o Lean Manufacturing.
Foram registadas as seguintes melhorias típicas:

- Redução de 90% do tempo de execução (tempo de ciclo)
- Aumento da produtividade em 50%
- Redução de 80% do inventário de material em processo
- Qualidade melhorada em 80%
- Utilização do espaço reduzida em 75%

Melhorias administrativas-

Uma pequena amostra de melhorias específicas nas funções administrativas é (com base em experiências pessoais):
- Redução dos erros de processamento de encomendas
- Racionalização das funções de serviço ao cliente, de modo a que os clientes deixem de ser colocados em espera
- Redução da papelada nas áreas de escritório
- Redução das necessidades de pessoal, permitindo que o mesmo número de pessoal de escritório trate um maior número de encomendas
- A documentação e a racionalização das etapas de processamento permitem a subcontratação de funções não críticas, permitindo que a empresa concentre os seus esforços nas necessidades dos clientes
- Redução do volume de negócios e dos custos de desgaste daí resultantes
- A aplicação de normas de trabalho e a definição de perfis antes da contratação garantem a

contratação apenas de pessoas com um desempenho "acima da média".

Melhorias estratégicas

Muitas empresas que implementam o Lean não aproveitam adequadamente as suas melhorias. As empresas bem sucedidas aprenderão a comercializar estes novos benefícios e a transformá-los numa maior quota de mercado. Um exemplo específico envolve um fabricante do centro-oeste de um produto de saúde comum. Dos cerca de quarenta concorrentes americanos, a terceira maior empresa do sector decidiu implementar os princípios do fabrico Lean. O prazo de entrega médio do sector era de quinze dias e esta empresa não era diferente.

Depois de efetuar os melhoramentos necessários para responder à nova procura, a empresa iniciou outra campanha de marketing: por apenas 10% de prémio, a expedição seria feita no prazo de sete dias. Mais uma vez, o volume de vendas aumentou (apenas 5%) porque os novos clientes queriam o produto no prazo de sete dias, mas mais de 30% dos clientes existentes também pagaram o prémio, mesmo que já estivessem a receber o produto em menos de sete dias. O resultado final foi que a empresa aumentou as receitas em quase 40%, sem aumentar os custos de mão de obra ou de despesas gerais. Outra vantagem importante foi o facto de a empresa poder faturar aos clientes onze dias mais cedo do que anteriormente, melhorando consideravelmente o fluxo de caixa.

CAPÍTULO-4

TÉCNICAS DE FABRICO JIT

4.1 Introdução

Face aos desafios da concorrência global, as empresas estão a concentrar-se mais nas necessidades dos clientes e a procurar formas de reduzir custos, melhorar a qualidade e satisfazer as expectativas cada vez maiores dos seus clientes. Para o efeito, muitas delas identificaram a logística como uma área onde podem criar vantagens em termos de custos e de serviços. Por outro lado, a abordagem de gestão Just-in-Time (JIT), que há muito se tem revelado eficaz no sector da indústria transformadora para aumentar a qualidade, a produtividade e a eficiência, melhorar a comunicação e diminuir os custos e o desperdício, pode aumentar as possibilidades de as empresas obterem vantagens em termos de custos e de serviços.

A concorrência global em expansão, as novas tecnologias emergentes e a melhoria das comunicações aumentaram as expectativas dos clientes relativamente à satisfação total com os produtos e serviços que adquirem. Nos últimos anos, estas mudanças trouxeram a muitas empresas industriais e de serviços o desafio de melhorar a satisfação dos seus clientes e a qualidade dos seus produtos e serviços. Confrontadas com estes desafios, as empresas de todo o mundo são levadas a procurar formas de reduzir custos, melhorar a qualidade e satisfazer as exigências cada vez maiores dos seus clientes. Uma solução bem sucedida tem sido a adoção de sistemas de produção JIT, que envolvem muitas áreas funcionais de uma empresa, como a produção, a engenharia, o marketing e as compras, entre outras.

A passagem de uma economia orientada para a produção para uma economia orientada para os serviços levou a um aumento da consciencialização das empresas para o potencial da logística na obtenção de vantagens em termos de custos e de serviços. Muitas delas, em especial as dos sectores do comércio retalhista e da logística de transportes, foram desafiadas a concentrar-se mais na satisfação do cliente e na qualidade das suas actividades de movimentação. Em resposta, têm estado a estudar formas de satisfazer as expectativas dos clientes, que estão em constante evolução, de uma forma rentável. Em contextos de serviço como a distribuição física de produtos manufacturados com operações repetitivas, em grandes volumes e com artigos tangíveis, a implementação do JIT pode ajudar as empresas a racionalizar as suas actividades de movimentação de armazém com menos custos e maior eficácia.

4.2 O valor do JIT

O JIT é uma abordagem de gestão que teve origem no Japão na década de 1950. Foi subsequentemente adoptada pela Toyota e por muitas empresas japonesas de produção, com considerável sucesso no aumento da produtividade através da eliminação de desperdícios. Desde a sua ampla aplicação na indústria transformadora na década de 1970, o JIT tem sido amplamente considerado como uma abordagem de gestão de operações concebida para que as empresas transformadoras melhorem o desempenho através da redução de resíduos. Segundo Chase et al (2006), o desperdício no Japão, tal como definido por Fujio Cho da Toyota, é "tudo o que não seja a quantidade mínima de equipamento, materiais, peças e trabalhadores (tempo de trabalho) absolutamente essencial para a produção". A filosofia de gestão subjacente ao JIT consiste em procurar continuamente formas de tornar os processos mais eficientes, com o objetivo final de produzir bens ou serviços sem incorrer em qualquer desperdício.

Os primeiros a adotar a abordagem de gestão JIT foram as unidades de produção da Toyota. O JIT ganhou reconhecimento generalizado durante o embargo petrolífero de 1973 e, mais tarde, foi amplamente adotado em muitas outras organizações. A difusão do JIT em toda a indústria deveu-se, em grande medida, ao embargo petrolífero e à crescente escassez de outros recursos naturais. Para se manterem competitivas, as empresas precisam de procurar formas de reduzir o desperdício nos seus processos empresariais.

Para fazer face aos difíceis desafios económicos, a Toyota conseguiu sobreviver adoptando uma abordagem de gestão inovadora, ou seja, o JIT, muito diferente do que era caraterístico da época, que se centrava na integração de pessoas, instalações e sistemas para reduzir o desperdício nos seus processos de fabrico.

O JIT é uma abordagem de gestão integrada e de resolução de problemas que tem como objetivo melhorar a qualidade e facilitar a pontualidade no fornecimento, produção e distribuição. A Toyota acreditava que a única forma de o JIT ser bem sucedido era ter todos os indivíduos da organização envolvidos e empenhados, se os recursos e os processos fossem totalmente utilizados para obter o máximo rendimento e eficiência e se as ofertas de produtos e serviços fossem entregues para satisfazer as necessidades do mercado sem demora. Mesmo três décadas mais tarde, no século XXI, muitas empresas continuam a debater-se com a abordagem de gestão JIT. O JIT ganhou um interesse considerável porque permite que uma empresa forneça produtos/serviços de alta qualidade com menos desperdício e maior produtividade.

A implementação da abordagem de gestão JIT requer um corpo de conhecimentos que engloba um conjunto abrangente de princípios e ferramentas de gestão. Estes princípios e ferramentas serão introduzidos em partes posteriores deste livro. Em geral, é aceite que a implementação do JIT pode levar a um melhor desempenho da empresa. Por exemplo, num estudo sobre o impacto financeiro da adoção do JIT, Kinney e Wempe (2002) concluíram que as empresas que adoptam o JIT têm um desempenho superior ao das que não o adoptam em termos de rotação de activos e margens de lucro. A razão subjacente é que a capacidade dos adoptantes do JIT para fazer girar os seus activos aumenta com a melhoria da qualidade dos produtos, uma maior capacidade de resposta à procura dos clientes devido a prazos de entrega mais curtos e uma maior variedade de linhas de produtos. Estas dimensões de desempenho são sustentadas pelos elementos filosóficos da abordagem de gestão JIT sobre a redução de resíduos e a flexibilidade do sistema para o desempenho dos processos empresariais.

Kinney e Wempe (2002) sugeriram ainda que as empresas que praticam o JIT estão associadas a margens de lucro mais elevadas, uma vez que a ênfase na redução de resíduos do JIT ajuda a revelar actividades que não acrescentam valor. Geralmente, estas actividades e os custos que lhes estão associados são ocultados por existências de reserva excessivas, ou são ignorados porque a manutenção de existências de reserva é uma solução conveniente para problemas como a falha das linhas de produção ou de outros sistemas.

Com a implementação do JIT, as existências excessivas deixam de poder atenuar estes problemas e os adoptantes do JIT estão mais inclinados a desenvolver soluções de poupança de custos, aumentando assim as margens de lucro. Um outro estudo também encontrou uma relação positiva entre o nível de implementação do JIT nas empresas transformadoras dos EUA e as melhorias do seu desempenho.

4.3 Significado do JIT

O JIT pode ser entendido como uma abordagem de gestão operacional concebida para eliminar o desperdício. No fabrico JIT, o desperdício pode ser definido como tudo o que não seja a quantidade mínima de equipamento, espaço e tempo dos trabalhadores, que são absolutamente essenciais para acrescentar valor ao produto ou serviço. Uma vez que a logística envolve actividades de loja móvel na cadeia de abastecimento, as empresas podem adotar a filosofia do JIT para identificar desperdícios e melhorar o serviço nos processos, por exemplo, para planear os requisitos de mão de obra e de instalações para satisfazer as necessidades de distribuição, para reduzir o tempo de introdução do produto através de uma entrega reactiva, para melhorar a qualidade do serviço logístico através da criação de parcerias entre fornecedores e clientes, etc.

Em suma, há muitas áreas em que as ênfases filosóficas do JIT na redução de resíduos e na melhoria do serviço podem ser aplicadas para melhorar o desempenho logístico nos quatro elementos centrais da logística empresarial, ou seja, serviços ao cliente, processamento de encomendas, gestão de stocks e transportes.

Redução de resíduos

O principal objetivo das práticas JIT é eliminar os desperdícios. Os desperdícios no JIT não se limitam a elementos tangíveis, como inventários excessivos e artigos defeituosos, mas também a elementos intangíveis, como mão de obra subutilizada e instalações que têm melhor utilização noutro local. Os resíduos podem ser gerados nos diferentes elementos centrais da logística empresarial. Pode perguntar-se que tipo de resíduos estarão presentes nas actividades logísticas. Para prestar um bom serviço ao cliente, os fluxos de produtos/serviços devem ser bem geridos para satisfazer as necessidades do cliente. Todas as actividades que ocupam tempo e consomem recursos nos fluxos de produtos/serviços, mas não acrescentam qualquer utilidade temporal ou local aos fluxos ou às partes envolvidas, por exemplo, os clientes finais, nos processos logísticos, podem ser consideradas como "resíduos". Por exemplo, o atraso na entrega de produtos devido a encomendas em atraso por parte dos fornecedores é um desperdício porque o tempo adicional necessário para entregar os artigos necessários não tem qualquer valor para os clientes. No JIT, todas as actividades que ocupam tempo de movimento, por exemplo, a recolha de encomendas, a organização de expedições, o transporte, etc., devem ser geridas de forma eficiente e os resultados de desempenho devem estar em conformidade com as expectativas dos clientes. O objetivo é satisfazer as necessidades de serviço dos clientes ao menor custo possível.

O transporte de grandes volumes de existências devido a descontos de preços por parte dos fornecedores ou para evitar possíveis rupturas de stock são desperdícios na gestão de existências. Estes desperdícios implicam muitas vezes um acréscimo de dinheiro para financiar, para além da mão de obra e do espaço físico para gerir o excesso de existências.

Num ambiente JIT, as matérias-primas, os artigos em processo (WIP) e os produtos acabados estão disponíveis nas quantidades exactas apenas quando são necessários. A adoção do JIT conduzirá a uma melhoria significativa da eficiência das existências. Isto pode ser conseguido através da eliminação de existências desnecessárias, transferindo assim os recursos para outras actividades geradoras de receitas. As capacidades ociosas das instalações de transporte também são um desperdício. Por exemplo, as filas de camiões para carga e descarga podem ser evitadas se houver um horário de carga adequado no cais de carga. Há também a possibilidade de os camiões maximizarem a capacidade de transporte se os itinerários forem cuidadosamente planeados, de modo a que os camiões possam ser enviados para diferentes fornecedores para recolher carregamentos parciais, reduzindo assim os custos de transporte entre fornecedores, intermediários e empresas.

Melhoria dos serviços

A qualidade do serviço em logística está relacionada com a realização dos 7Rs. O papel do JIT na melhoria do serviço é ajudar as empresas a compreender melhor as necessidades dos seus clientes e as suas capacidades para satisfazer essas necessidades. Por exemplo, a prática do JIT melhora os serviços logísticos aos clientes, assegurando a disponibilidade de bens para satisfazer os requisitos da procura, criando assim utilidades de tempo, lugar e posse para os clientes.

O JIT contribui igualmente para promover relações de trabalho estreitas com os fornecedores, a fim de garantir a qualidade e a fiabilidade do abastecimento. O carácter puxado do JIT exige uma série de práticas de gestão. Levará as empresas a procurar continuamente formas de melhorar as suas actividades logísticas com as empresas fornecedoras para cumprir os requisitos do JIT. Alguns métodos viáveis incluem o desenvolvimento de fornecedores e a gestão de relações, que serão discutidos em partes posteriores deste livro, com apenas alguns ou mesmo um fornecedor. Isto ajudará na criação de uma empresa mais eficiente em termos de inventário e materiais, pontualidade nas entregas e garantias de que os produtos/serviços necessários estarão disponíveis quando necessário. Do lado do cliente, o JIT ajudará a empresa a concentrar-se no que é exigido pelos clientes e no que é necessário para as ofertas. A prática de

O JIT é coerente com o objetivo fundamental da empresa de fornecer produtos que satisfaçam as necessidades dos clientes. O desenvolvimento de um processo empresarial com ênfase no JIT, que fornece produtos/serviços de qualidade, assegurará a viabilidade da empresa.

Quando as operações não são baseadas no just-in-time

O planeador da procura/produção esforça-se por otimizar as metas e objectivos orientados para a produção, como a utilização do equipamento, a eficiência da mão de obra, o rendimento e o tempo de atividade. A otimização destes objectivos leva frequentemente os responsáveis pelo planeamento da produção a executar lotes de grandes dimensões ou a executar lotes que dependem da disponibilidade de lotes de matérias-primas. Isto optimiza a utilização do equipamento e da mão de obra e o rendimento, mas o que é que isso faz aos níveis de inventário de produtos acabados? E se o cliente quiser um produto diferente? É evidente que os planeadores e gestores de produção devem concentrar-se nas operações, mas não à custa do panorama geral: JIT. Embora a execução de lotes mais pequenos com trocas mais frequentes perturbe o processo de produção, é fundamental implementar os princípios JIT para beneficiar a empresa.

O gestor de aprovisionamento/compras privilegia os princípios que reduzem as despesas globais da empresa. Este gestor consolida as despesas em fornecedores estratégicos que oferecem produtos ou materiais aos custos unitários mais baixos através de compras em volume. Pode até negociar os custos de importação, o que significa que os custos de transporte e de frete estão incluídos no preço de compra. Isso é mau? Talvez sim, talvez não. Depende dos objectivos. Mas, na maior parte dos casos, os gestores de compras estão concentrados em obter o melhor preço, independentemente do desempenho e da fiabilidade do fornecedor.

O gestor de logística/transporte é responsável pela entrada de matérias-primas e saída de produtos acabados do processo de produção e procura otimizar a rede de transporte e distribuição. Este gestor concentra-se no menor custo e na fiabilidade das soluções de logística e transporte. Uma vez que a fiabilidade é um requisito, o foco é o custo mais baixo. Não há problema se a equipa de compras negociar um pacote de custos com um fornecedor, porque isso significa custos mais baixos, e o fornecedor é responsável pela fiabilidade e desempenho dos transportadores, pelo menos em teoria.

Quando as operações são baseadas no just-in-time

Desta vez, os planeadores e gestores da procura continuam a concentrar-se nas mesmas medidas de desempenho operacional mencionadas anteriormente - utilização do equipamento, eficiência da mão de obra, produção e tempo de funcionamento - mas não exclusivamente; existem outros objectivos igualmente importantes que apoiam as operações JIT. Estes incluem: tempos de mudança, mudanças por turno, estabelecimento de outras medidas de flexibilidade do processo e objectivos de inventário de produtos acabados que apoiam a procura dos clientes a curto prazo e a gestão dos mesmos.

Na operação baseada no JIT, as actividades diárias são orientadas pela reposição contínua dos objectivos de inventário de produtos acabados orientados para a procura do cliente. Estes objectivos "puxam" ou orientam o plano de produção, a utilização dos activos de produção, a mão de obra e até a reordenação das matérias-primas dos fornecedores ou das operações de armazenamento/distribuição. Na sua essência, o JIT exige que a produção esteja mais diretamente ligada aos padrões de procura dos clientes a curto prazo.

O diretor de sourcing também se concentra no custo mais baixo, mas no contexto do quadro geral. Na ausência do JIT, o melhor preço pode resultar na compra de materiais em grandes quantidades e na entrega de todos de uma só vez. Isto pode não ser um problema em termos de implementação dos princípios do JIT, mas causa grandes armadilhas potenciais. Em primeiro lugar, é necessário manusear e armazenar grandes quantidades de matérias-primas. Isto pode imobilizar uma grande quantidade de capital, para além de consumir activos e mão de obra. Em segundo lugar, o que acontece se houver um problema com o material? O longo prazo de entrega significa que não é possível obter mais durante semanas ou meses, o que o deixa com uma grande quantidade de materiais suspeitos.

Numa operação baseada no JIT, as compras centram-se no custo total mais baixo. Isto inclui não só o custo unitário dos materiais, mas também o transporte, o armazenamento e outros custos relacionados. Quando todos estes factores são considerados em conjunto, as compras num ambiente JIT requerem diferentes tipos de contratos e relações com os fornecedores - que não se baseiam apenas no custo unitário e na qualidade do fornecedor.

4.4 PRINCÍPIOS DO JIT

4.4.1 Princípio do inventário JIT

* **Procurar fornecedores fiáveis**

  Ter fornecedores fiáveis permite uma redução do número de fornecedores e dos custos associados. Permite um menor número de existências de emergência e liberta capital, evitando o desperdício de juros.

* **Procurar reduzir o tamanho dos lotes e aumentar a frequência das encomendas**

  Entregas mais pequenas e mais frequentes reduzem o inventário médio e aumentam os custos. Permite que as empresas necessitem de menos espaço físico nas instalações, reduzindo o desperdício desses custos.

* **Procurar obter inventários nulos e reduzir o inventário de reserva e o inventário de trabalhos em curso**

  O objetivo ideal do JIT é não ter inventário para eliminar completamente todos os custos de inventário. Para além das existências de trabalhos em curso (WIP), quanto menos existências houver, menor será o custo das mesmas.

* **Procurar melhorar o tratamento do inventário.**

  Evitar danos no inventário evita a deterioração de mercadorias e ajuda a maximizar o fluxo de produtos.

* **Procurar identificar e corrigir continuamente todos os problemas de inventário.**

  A melhoria contínua é um requisito do JIT.

4.4.2 Princípios de produção JIT

O planeamento da produção num ambiente JIT optimizado significa fazer as coisas de forma diferente. Uma vez que há menos margem para erros, o planeador tem de estar muito familiarizado com a capacidade do processo em termos de tempos de mudança, padrões de mudança (a dificuldade relativa de mudar de um produto específico para outro) e os verdadeiros prazos de entrega de cada produto. É essencial ter um bom conhecimento dos padrões de procura efectiva dos produtos.

Estas são apenas algumas das principais entradas para o desenvolvimento do plano de produção num ambiente JIT. Ao utilizar métodos empíricos para melhor compreender e definir parâmetros aceitáveis, um especialista em consultoria pode desenvolver planos de produção eficazes que suportem um ambiente JIT.

- Procurar um sistema de tração sincronizado.

  O objetivo ideal é sincronizar a procura e a produção para que não haja unidades de produto até que seja dada uma encomenda, o que elimina a produção desnecessária, o inventário indesejado e todos os desperdícios que lhes estão associados.

- Procurar uma maior flexibilidade na mudança de produtos e na programação da produção.

  Quanto mais rapidamente as mudanças e as alterações de programação puderem ser implementadas, menor será a probabilidade de desperdiçar o esforço de produção em produtos não desejados e maior será a probabilidade de conquistar quota de mercado oferecendo aos clientes o que eles querem, quando eles querem. A utilização da programação de modelos mistos (ou seja, onde vários produtos podem ser produzidos sem grandes mudanças numa célula de produção) é uma das muitas estratégias JIT.

- Procurar uma programação diária uniforme da produção.

  Quanto mais regular for a taxa de produção, menor será a necessidade de horas extraordinárias e de outras reafectações de recursos desnecessárias para efetuar alterações na produção de um dia para o outro.

- Procurar melhorar a comunicação.

  Quanto mais rapidamente os gestores conseguirem comunicar soluções para os problemas, mudanças na produção e novos processos de produção, mais rapidamente serão eliminadas do sistema as acções indesejadas e de desperdício.

- Procurar tamanhos de lote de produção reduzidos e reduzir os custos de configuração da produção.

  A redução dos tamanhos dos lotes motiva os empregados a encontrarem processos de mudança e de preparação melhores e mais eficientes. Além disso, os lotes mais pequenos permitem que o fabricante envie quantidades menores de produtos acabados para os clientes. Idealmente, no âmbito do JIT, procurar-se-ia um nível de produção unitário, o que permitiria a maior flexibilidade possível na resposta à evolução da procura dos clientes.

- Permitir que os empregados determinem o fluxo de produção e programem o trabalho com menos do que a capacidade total

  Permitir que os empregados determinem o fluxo de produção e dar-lhes algum tempo extra com menos do que a capacidade total permite-lhes passar o tempo a encontrar melhores formas de fazer o seu trabalho e realizar as tarefas de controlo de qualidade esperadas no âmbito do JIT.

- Aumentar a normalização da transformação dos produtos.

  Sempre que possível, a normalização do processamento de produtos pode aumentar significativamente a produtividade.

- Procurar melhorar a visualização.

  A disponibilização dos esforços de produção (ou seja, o desempenho dos trabalhadores em termos de produtividade e qualidade) aos trabalhadores permite-lhes compreender as suas contribuições individuais. Isto ajuda a identificar métodos para melhorar a produção e acções de desperdício que reduzem a produtividade. É também utilizado para motivar os trabalhadores, permitindo-lhes ver o seu desempenho com base em estatísticas comparativas com outros trabalhadores.

4.4.3 Princípios de recursos humanos JIT

- Procuram estabelecer um ambiente familiar para criar confiança, autonomia e orgulho no trabalho.

  Um ambiente de respeito mútuo entre todos os empregados resultará numa maior vontade de contribuir para a resolução de problemas da equipa e para a melhoria de produtos e processos que conduzirão a uma maior qualidade da produção. À medida que a direção continua a dar aos funcionários a possibilidade de fazerem sugestões, estes compreenderão que as suas sugestões são reconhecidas e contribuem para o produto final.

- Procurar um compromisso a longo prazo para empregar todos os trabalhadores.

  Num ambiente em que os empregados se sintam confortáveis e acreditem que os seus empregos continuarão a existir amanhã, estarão mais dispostos a sugerir inovações para poupar tempo e evitar desperdícios, mesmo que essas sugestões possam reduzir as necessidades de mão de obra.

- Manter uma força de trabalho substancial a tempo parcial.

  Durante as mudanças na procura, o número de trabalhadores a tempo parcial pode ser rapidamente ajustado para reduzir o desperdício de recursos humanos em períodos de inatividade (ou seja, evita os custos de despedimento de trabalhadores a tempo inteiro) ou pode ser aumentado rapidamente durante os picos de procura com poucos custos (por exemplo, reduz as dispendiosas horas extraordinárias).

- Estabelecer planos de compensação que recompensem os esforços individuais e de equipa. Incentivar a abordagem de equipa dos trabalhadores para a resolução de problemas.

  Quanto mais a remuneração estiver ligada aos esforços, maior será a probabilidade de os empregados verem os benefícios dos esforços que fazem. A resolução de problemas em equipa é particularmente valiosa para questões complexas. A remuneração deve centrar-se na motivação dos esforços colectivos da equipa.

- Proporcionar uma formação contínua e alargada.

  Funcionários com melhor formação permitem uma maior flexibilidade nas tarefas de trabalho, menos tempo de espera desperdiçado e um trabalho mais eficiente

4.4.4 <u>Princípios de qualidade JIT</u>

- Procurar um compromisso a longo prazo para com os esforços de controlo da qualidade.

  Melhorar a qualidade dos produtos é uma tarefa interminável. Procurar uma qualidade superior à dos concorrentes pode ser um objetivo que levará anos a atingir. Todos na organização devem aceitar que só através de uma melhor qualidade é que as empresas podem competir com sucesso.

- Utilizar métodos de segurança para ajudar a garantir a conformidade da qualidade.

  A automatização é um exemplo de um método à prova de falhas que pode melhorar significativamente a qualidade do produto em áreas de produção onde a precisão é crítica.

- Utilizar métodos estatísticos de controlo da qualidade para monitorizar e motivar a qualidade dos produtos.

  A utilização de gráficos de controlo de qualidade para mostrar o número de defeitos pode ser utilizada pelos gestores para monitorizar o progresso, mas também pode ser utilizada para informar os funcionários sobre o seu desempenho em termos de qualidade do produto. O objetivo deve ser sempre o de manter o controlo do processo e o cumprimento rigoroso das especificações do produto.

- Manter a qualidade a 100 por cento. Inspeção de produtos através de esforços de trabalho em processo (WIP).

  Ter robôs ou funcionários em cada estação ao longo de uma linha de produção a verificar o trabalho da estação anterior garante que os defeitos de qualidade são encontrados rapidamente, reduzindo assim o desperdício em retrabalho e sucata. Também garante que cada produto foi 100% inspeccionado quanto à qualidade.

- Procurar tornar a qualidade uma responsabilidade de todos. Procurar capacitar os trabalhadores, partilhando a autoridade no controlo da qualidade dos produtos.

  Dar poder aos empregados, procurando a sua ajuda no processo de inspeção da qualidade, ajuda a dar-lhes uma maior responsabilidade pelo produto acabado (ou seja, eles geralmente assumem uma maior responsabilidade). Com essa responsabilidade, deve ser exigida a auto-correção dos defeitos gerados pelos trabalhadores, para que estes possam aprender com os seus erros. Também lhes deve ser exigido que efectuem tarefas de manutenção e limpeza de rotina para garantir que as ferramentas e as instalações estão disponíveis e em condições que conduzam ao mais alto nível de desempenho (por exemplo, uma faca afiada corta bem).

<u>4.4.5 Princípios de conceção de instalações JIT</u>

- **Procurar uma fábrica orientada.**

  Limitar o número de produtos que uma unidade de fabrico produz permite economias de escala e uma maior eficiência.

- **Identificar e eliminar os estrangulamentos na produção.**

  Qualquer estrangulamento na produção gera desperdício de mão de obra e de tecnologia, abrandando o sistema de produção como um todo.

- **Procurar maximizar o fluxo através da disposição.**

  Ao minimizar o congestionamento do fluxo de materiais através da conceção de sistemas de reabastecimento mais próximos do ponto de utilização, evita-se o desperdício de mão de obra e de tecnologia. A redução da distância entre todas as actividades de produção poupa tempo e ajuda a acelerar o fluxo de mercadorias.

- **Utilizar a automatização (ou seja, robots) sempre que possível.**

  Para trabalhos altamente repetitivos ou que exijam um elevado grau de precisão, a automatização poupará mão de obra e reduzirá o desperdício de materiais (ou seja, sucata).

- **Utilizar células de tecnologia de grupo (ou seja, células em U ou em C) em esquemas de produção.**

  As células tecnológicas de grupo permitem flexibilidade nas mudanças de layout e configuração para novos produtos. Também permitem uma melhor utilização das competências flexíveis dos trabalhadores, facilitando a transferência de funções de um lado para o outro da célula.

<u>4.4.6 Princípios da relação com os fornecedores JIT</u>

- **Procurar certificação da qualidade dos artigos adquiridos.**

  A certificação garante que os produtos que entram numa unidade de produção já passaram por uma inspeção de qualidade. Muitas operações JIT só fazem negócios com fornecedores JIT.

- Procurar comunicações atempadas e capacidade de resposta.

No âmbito do JIT, as empresas de produção produzem artigos em pequenos lotes, pelo que procuram lotes mais pequenos com entregas mais frequentes dos fornecedores. Procurarão também uma flexibilidade de encomendas que responda às suas necessidades de produção, bem como às necessidades dos clientes. Isto, por sua vez, permitirá à empresa de produção minimizar as existências e exigir que os fornecedores reduzam ainda mais o prazo de entrega das existências. Quanto maior for a capacidade de resposta do fornecedor, menor será a necessidade de existências da empresa produtora.

- Procurar fornecedores de fonte única.

Ao ter um fornecedor único, o fabricante pode poupar o tempo e o esforço desperdiçados ao lidar com vários fornecedores e pode exercer uma maior pressão (ou seja, em virtude do maior volume de negócios) para motivar os fornecedores a reduzirem o custo dos produtos.

- Procurar estabelecer relações a longo prazo com os fornecedores.

Ter uma relação de longo prazo com um fornecedor permite-lhe saber que pode contar com a atividade do fabricante, o que, por sua vez, lhe permite personalizar melhor o serviço prestado ao fabricante. Também ajuda o fornecedor a reduzir o custo de capital, uma vez que o financiamento bancário é mais fácil para ele quando tem um cliente importante e de longo prazo.

Comparação na cadeia de abastecimento da aplicabilidade dos princípios Lean e JIT

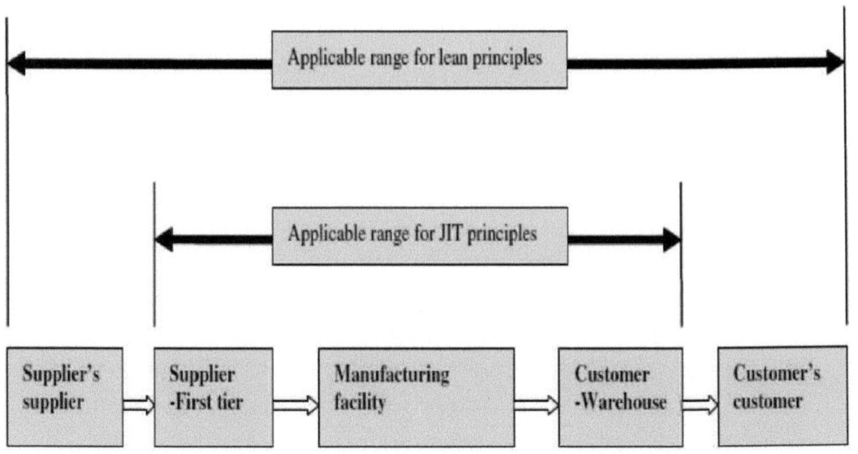

Applicable range for lean principles
Applicable range for JIT principles
Supplier's supplier
Supplier -First tier
Manufacturing facility
Customer -Warehouse
Customer's customer

CAPÍTULO-5

ESTUDO DE CASO

Ranbaxy Pharmaceuticals Limited

Perfil da empresa

Fundada em 1961, a Ranbaxy Laboratories é a maior farmacêutica da Índia e ocupa a 9ª posição no ranking mundial de fabricantes de medicamentos genéricos.2 A empresa abriu seu capital em 1973 e iniciou a primeira de suas várias alianças estratégicas através de uma joint venture na Nigéria em 1977. A fundação de pesquisa Ranbaxy foi iniciada em 1985 e várias outras instalações de produção foram instaladas em 1987. A sua fábrica em Toansa, Punjab, que é o maior fabricante de antibióticos, obteve a aprovação da FDA dos EUA em 1988.

Depois de lhe terem sido concedidas algumas patentes americanas para os seus medicamentos, a Ranbaxy criou uma empresa comum com o gigante farmacêutico americano Eli Lilly & Co. para comercializar certos produtos da Lilly no mercado indiano. A empresa entrou no mercado chinês através da empresa comum Guangzhou China em 1993.

A Ohm Laboratories, uma unidade de fabrico nos EUA, foi adquirida em 1995 e a sua ala de fabrico de última geração foi aprovada pela FDA para funcionar como subsidiária da Ranbaxy nos EUA, a Ohm Laboratories Inc. 1998 foi um marco quando a Ranbaxy entrou nos EUA, o maior mercado farmacêutico, e distribuiu produtos sob a sua própria marca.

A Ranbaxy entra no Brasil, o maior mercado farmacêutico da América do Sul, e alcança vendas globais de US$ 2,5 milhões neste mercado em 2000 e adquire o negócio de genéricos da Bayer AG na Alemanha no mesmo ano. Em 2003, a Ranbaxy e a GlaxoSmithKline (GSK) aceleraram os seus programas de descoberta através de uma aliança global para a descoberta e desenvolvimento de medicamentos. Enquanto a Ranbaxy aproveitou os seus pontos fortes no desenvolvimento inicial de produtos, a GSK utilizou os seus conhecimentos na fase final do desenvolvimento para completar o processo de desenvolvimento.

A Ranbaxy adquiriu a RPG (Aventis) em 2004 para entrar no mercado francês e adquiriu a carteira de produtos genéricos da EFARMES de Espanha no ano seguinte. A Ranbaxy recebeu da USFDA a primeira aprovação da Índia para um medicamento antirretroviral ao abrigo do plano de emergência do Presidente dos EUA para a iniciativa de auxílio à SIDA (PEPFAR). Em 2005, a Ranbaxy abriu a sua terceira instalação de I&D de última geração na Índia e entrou também no mercado canadiano. A empresa apresenta fortes taxas de crescimento com uma presença internacional em expansão nos EUA, Reino Unido, França, Alemanha, Índia, China, Brasil, etc.

A Ranbaxy tira partido da sua competitividade indiana para lançar produtos de qualidade nos mercados mundiais

Movimentos de rebentamento do mercado

A Ranbaxy Laboratories Limited conseguiu liderar o sector e reforçar a sua presença global através da implementação bem sucedida dos seguintes movimentos de Market Busting:

- Melhore radicalmente a sua produtividade
- Capitalizar os efeitos de segunda ordem das mudanças nos condicionalismos
- Apoderar-se de um terreno

Melhore radicalmente a sua produtividade

Na indústria farmacêutica competitiva e de ritmo acelerado, a Ranbaxy tem procurado ativamente alianças estratégicas e aquisições para obter acesso a tecnologias inovadoras e a mercados em rápido crescimento. A empresa conseguiu equilibrar os seus custos de I&D e a sua força de trabalho trabalhando com alguns dos principais laboratórios de desenvolvimento de medicamentos em todo o mundo, ao mesmo tempo que aproveitou o seu apoio financeiro e redes de distribuição para comercializar as descobertas científicas. Em 2003, a Ranbaxy celebrou um acordo com a Medicines for Malaria Venture, Genebra (MMV) para o desenvolvimento do medicamento anti-malária Synthetic Peroxide. A empresa iniciou ensaios clínicos em humanos e obteve aprovação para efetuar ensaios clínicos no Reino Unido em 2004. O CEO e Diretor-Geral, Dr. Brian Tempest, declarou: "A Ranbaxy está empenhada em desenvolver um medicamento que seja não só seguro e eficaz, mas também acessível às pessoas na Índia e a centenas de milhões de outras pessoas que têm de viver com esta terrível doença todos os dias." O sucesso da parceria promoveu ainda mais a imagem da Ranbaxy junto das populações e permitiu-lhe satisfazer uma procura crescente e importante no tratamento da malária.

Capitalizar os efeitos de segunda ordem das mudanças nos condicionalismos

A partir de 2003-04, o crescimento dos genéricos foi mais rápido do que o do mercado farmacêutico total. A procura de medicamentos mais acessíveis nos países em desenvolvimento atraiu vários fabricantes para produzirem medicamentos de qualidade a baixo custo devido a economias de escala e a quadros jurídicos mais flexíveis. A Ranbaxy seguiu agressivamente as tendências do sector e penetrou no mercado dos genéricos através de alianças e de grandes investimentos em I&D. O baixo custo de inovação, produção e mão de obra da Índia permite-lhe comercializar e distribuir de forma competitiva noutras partes do mundo. A Ranbaxy investe cerca de 9% das vendas em I&D, na tentativa de aumentar a sua quota nos segmentos dos medicamentos de marca.

Descobriu vários compostos químicos, obteve patentes nos EUA e a aprovação da FDA para os seus medicamentos, que distribui em vários países no estrangeiro sob a sua marca. A empresa conseguiu tornar-se líder de mercado em várias regiões com os segmentos de genéricos de mais rápido crescimento, como França, Espanha, Rússia e muitos outros.

Apoderar-se de um terreno

Após anos de sucesso, a Ranbaxy tem os conhecimentos tecnológicos e uma forte cultura de qualidade que a apoiam quando entra no sector dos testes laboratoriais. Tem potencial para explorar plenamente as oportunidades de crescimento nas áreas dos testes clínicos, uma vez que é a maior fonte de testes laboratoriais clínicos no Sul da Ásia, oferecendo uma vasta gama de testes de diagnóstico. Com o apoio de quatro instalações de testes completas em Mumbai, Deli, Mohali e Bangalore, a empresa planeia aumentar a sua presença de 215 para mais de 400 cidades, com o número de centros de recolha a aumentar dos actuais 500 para 2000 em todo o país. O laboratório, que atualmente realiza quatro milhões de testes, terá capacidade para realizar 25 milhões de testes por ano. A empresa fornecerá serviços de testes de nível mundial a preços acessíveis no país.

Realizei o meu estudo de caso na sucursal de Mohali da Ranbaxy Pharmaceuticals Limited. O estudo de caso incidiu sobre a aplicação dos princípios Lean e JIT na cadeia de abastecimento da empresa. As questões que trouxeram melhorias significativas para a empresa durante a aplicação do sistema de produção optimizada na Ranbaxy Pharmaceuticals Limited são analisadas em pormenor a seguir:

- Redução dos prazos de entrega

Os prazos de entrega aplicam-se ao período de tempo necessário para produzir um produto e à frequência de produção de um determinado produto. O tempo de produção é o tempo que decorre entre o início de um processo e a sua conclusão.

- Redução de inventário

O inventário é definido como o stock de artigos mantido por uma organização para satisfazer a procura dos clientes internos e externos em constante mudança. O elevado custo do inventário obrigou as organizações a encontrar formas de desenvolver uma gestão eficiente e eficaz da cadeia de abastecimento e da qualidade.

- Participação dos trabalhadores

A utilização de operações manuais pode tornar os sistemas de produção flexíveis e adaptáveis. O JIT requer uma cultura de trabalho que permita: que o trabalhador se torne um participante na tomada de decisões e, assim, seja necessário colocar a confiança e a responsabilidade nas mãos dos trabalhadores, para se tornarem o mesmo grupo de interesse através de relações de longo prazo.

- Melhoria da qualidade

As melhorias são variadas: aperfeiçoamento das operações manuais para eliminar o desperdício de movimentos, introdução de novos equipamentos para evitar a utilização não económica de mão de obra e maior economia na utilização de materiais e fornecimentos.

- Satisfação do cliente

Tempo de resposta, fiabilidade, tangíveis, garantia de qualidade; as preocupações são alguns dos atributos importantes da satisfação do cliente no sector dos serviços. O consumo da filosofia Lean fornece o valor total a um cliente que ele deseja do produto e dos serviços, com a maior eficiência e o menor sofrimento.

- Melhoria da limpeza e do manuseamento de materiais

É necessário um serviço de limpeza eficaz para eliminar problemas e acidentes no local de trabalho, para que o produto seja produzido de forma segura e correcta. O serviço de limpeza diz respeito à limpeza, à manutenção das áreas de trabalho limpas e ordenadas e à manutenção do espaço de trabalho.

- Introdução mais rápida de novos produtos
  A produção enxuta centra-se na conceção para a manufacturabilidade, com ênfase na conceção para satisfazer os requisitos dos clientes e para satisfazer a disponibilidade real de materiais e as capacidades dos processos de produção.

De acordo com a minha investigação, as vantagens da aplicação dos princípios Lean e JIT na Ranbaxy Pharmaceuticals Limited são as seguintes

1. Redução dos defeitos
2. Redução do prazo de entrega
3. Melhoria da pontualidade na entrega
4. Melhoria da produtividade
5. Redução das existências
6. Melhoria da utilização da mão de obra
7. Melhoria da utilização das instalações
8. Redução da área útil
9. Melhoria da qualidade
10. Redução do tempo de preparação
11. Melhoria do moral dos trabalhadores

Número total de produtos fabricados na fábrica de Mohali da Ranbaxy Pharmaceuticals Limited-3

Número total de embalagens fabricadas na fábrica de Mohali da Ranbaxy Pharmaceuticals Limited-1000

São fabricados 3 produtos diferentes em Mohali e são preparadas cerca de 1000 embalagens por mês.

No que respeita a esta fábrica em particular, existem 2 armazéns que são utilizados para armazenar os produtos fabricados.

Seguem-se os vários clientes relacionados com esta unidade de produção

- ESTADOS UNIDOS DA AMÉRICA
- Brasil
- Alemanha
- Nigéria
- África do Sul
- Canadá
- Austrália

As várias divisões da Ranbaxy Pharmaceuticals Limited são as seguintes

- Mohali
- Dewas (Madhya Pradesh)
- Gwalior (Madhya Pradesh)
- Baddi(Himachal Pradesh)
- Goa
- Toansa (Punjab)

CONCLUSÃO

A literatura sobre o fabrico JIT fala da implementação do JIT como um ato deliberado de adoção de uma filosofia de fabrico que se centra principalmente na eliminação de desperdícios através da aquisição ou produção de material à medida que esse material é solicitado pelos clientes internos ou externos. Os novos expoentes do lean, particularmente nos sectores de serviços, devem ter cuidado ao lançar rapidamente um programa lean, o que certamente criará muito ruído e atividade no início, mas é menos certo que trará benefícios e comportamentos sustentáveis a longo prazo. Estas lições foram aprendidas da forma mais difícil pelo sector da indústria transformadora e os novos expoentes no sector dos serviços devem tomar nota para evitar os mesmos erros dispendiosos. O Lean é um destino que vale a pena para aqueles que se dão ao trabalho de traçar cuidadosamente o seu percurso e se mantêm fiéis ao seu objetivo, apesar das muitas distracções ao longo do caminho. Muitos outros gerarão muitas histórias de sucesso iniciais, mas que não trazem benefícios reais para a empresa e não são credíveis a longo prazo. Por conseguinte, o Lean é uma filosofia de gestão que se alinha bem com princípios de gestão claros, inclusivos e eficazes. Não é um substituto "milagroso" para esse tipo de gestão e aqueles que o procuram acabarão por ficar desiludidos.

- Esta investigação indica que os motores lean para a mudança de cultura - melhorias substanciais na rentabilidade e na competitividade através da redução da intensidade de capital e de tempo dos processos de produção e de serviços - são consistentemente muito mais fortes do que os motores que entram pela "porta verde", tais como as poupanças resultantes das actividades de prevenção da poluição e as reduções do risco de conformidade e da responsabilidade.

- Esta investigação concluiu que os esforços de implementação lean criam poderosas vantagens para a melhoria ambiental. Na medida em que a melhoria dos resultados ambientais pode acompanhar a mudança da cultura lean, há uma vitória para o negócio e uma vitória para a melhoria ambiental. A prevenção da poluição pode "pagar", mas quando associada aos esforços de implementação lean, a probabilidade de a prevenção da poluição competir aumenta substancialmente.

- Esta investigação identificou três lacunas-chave associadas a estes pontos cegos que, se forem colmatadas, poderão aumentar ainda mais as melhorias ambientais resultantes da implementação do sistema Lean.

Com base nas conclusões acima referidas, a investigação futura relacionada com o fabrico racionalizado deve claramente controlar os efeitos da dimensão e da indústria. Os resultados positivos no que respeita ao impacto do contexto na aplicação das práticas "lean" sugerem que outras medidas ambientais também devem ser consideradas em investigação futura. Especificamente, os efeitos do dinamismo, da complexidade e da munificência do ambiente podem ser considerados em futuras investigações sobre o fabrico racional em contexto. Uma análise separada ao nível da indústria também fornecerá informações interessantes, embora as práticas "lean" se encontrem em fábricas de todas as indústrias. Outro método possível de investigação futura seria verificar se existe de facto uma inadequação entre produto e processo nessas empresas. Como mencionámos na secção Discussão, encontrámos uma relação entre os processos e as existências que examinámos, mas não houve qualquer relação entre os tipos de produtos e as existências. Este facto pode ter sido causado por algum tipo de desfasamento produto-processo, caso em que esta questão deve ser abordada.

<u>REFERÊNCIAS</u>

1. Arnout Pool, et. al, 2011," *Lean planning in the semi-process industry, a case study,"* Int. J. Production Economics 131, 194-203.

2. Rachna Shah & Peter T. Ward, 2003, "*Lean manufacturing: context, practice bundles, and performance[1] ",* Journal of Operations Management 21, 129-149

3. Ma.Ga Yang et.al,2011, *"Impact of lean manufacturing and environmental management on business performance: An empirical study of manufacturing firms"",* Int. J. Production Economics 129, 251-261

4. Krisztina & Demeter,ZsoltMatyusz ,2011," *The impact of lean practices on inventory turnover",* Int. J. Production Economics 133, 154-163

5. Hung-da Wan & F. Frank Chen,2009," *Decision support for lean practitioners: a web based adaptive assessment approach"",* Computers in Industry 60,277-283

6. Yi-fen Su & Chyan Yang ,2010," *A structural equation model for analyzing the impact of ERP on SCM",* Expert Systems with Applications 37,456-469.

7. John P.T. Mo, 2009, *"The role of lean in the application of information technology to manufacturing",* Computers in Industry 60 , 266-276

8. Kevin B. Hendricks et.al, 2007, *"O impacto do sistema empresarial na performance: a study of ERP,SCM, and CRM systems implementations"",* Journal of Operations Management 25,65-80

9. Cheri Speiera et.al,3,2011, *global supply chain considerations: Mitigating product safety and security risks,* Journal of Operations Management 29, 721-736.

10. Jyri P.P.Vilko & JukkaM.Hallikas, *Risk assessment in multimodal supply chains,* Int. J.Production Economics

11. Mahmoud Houshmand & Bizhan Jamshidnezhad, 2006, *"An extended model of design process of lean production systems by means of process variables",* Robotics and Computer-Integrated Manufacturing 22 *1-16.*

12. Jan Riezebos & Warse Klingenberg, 2009, *"Advancing lean manufacturing, the role of IT",* Computers in Industry 60 235-236.

13. Fawaz A. Abdulmalek & Jayant Rajgopal, 2007, *-Analyzing the benefits of lean manufacturing and value stream mapping via simulaton: a process sector case study"* Int. J. Production Economics 107 223-236.

14. David J. Meade et.al, 2006, *"Financial analysis of a theoretical lean manufacturing implementation using hybrid simulation modeling"*, Journal of Manufacturing Systems, 25 2.

15. Ann Maruchecka et.al, 2011*" Product safety and security in the global supply chain: Issues, challenges and research opportunities"*, Journal of Operations Management 29 , 707-720.

16. A. Michael Knemeyer, et.al, 2009, *-Proactive planning for catastrophic events in supply chains"*, Journal of Operations Management 27 , 141-153.

17. Christopher S. Tang, *2006, "Perspectives in supply chain risk management"*, Int. J. Production Economics 103, 451-488.

18. De Xia a & Bo Chen, 2011, *"A comprehensive decision-making model for risk management of supply chain "*, Expert Systems with Applications 38, 4957-4966.

19. Gonca Tuncel & Gulgu Alpan ,2010, *"Risk assessment and management for supply chain networks: A case study"*, Computers in Industry 61, 250-259.

20. Soo Wook Kim, 2009, *"An investigation on the direct and indirect effect of supply chain integration on firm performance"*, Int. J. Production Economics 119, 328-346.

21. Petri Niemi et.al, 2007, *-Improving the impact of quantitative analysis on supply chain making policy"*, Int. J. Production Economics 108 , 165-175.

22. M.T. Melo et.al, 2009, *"Facility location and supply chain management - A review"*, European Journal of Operational Research 196, 401-412.

23. Cheri Speiera et.al, 2011, *-global supply chain considerations: Mitigating product safety and security risks"*, Journal of Operations Management 29, 721-736.

24. Jyri P.P.Vilko & JukkaM.Hallikas, *"Risk assessment in multimodal supply chains"*, Int. J.Production Economics.

Printed by Books on Demand GmbH, Norderstedt / Germany